台科大 since 1997

運算思維與
App Inventor 2
程式設計

簡良諭 編著

 General Technology Credential

含 全民科技力認證

App Inventor2—結構化與模組化程式設計、演算法程式設計、互動程式設計

本書影音教學和範例程式

為方便讀者學習，本書範例程式檔案，請至本公司 MOSME 行動學習一點通網站（http://www.mosme.net），於首頁的關鍵字欄輸入本書相關字搜尋（例：書號、書名、作者），尋得該書後即可於「學習資源」頁籤下載使用；影音教學影片，請於「學習資源」的影音教學專區，線上觀看。

序言 Preface

　　隨著智慧手機與平板等行動載具的流行，學習手機 App 應用程式已成為許多人感到興趣的主題。App Inventor 2 的出現，因為使用程式積木式的開發環境與流程，讓學習者可以輕易地控制手機的相機鏡頭、GPS 和多種感測器元件，透過網路元件可以迅速地擷取網路訊息，使得開發手機應用程式變得輕鬆容易。

　　筆者針對 App Inventor 2 規劃了四個部分的課程主題：
- 運算思維
- 結構化模組程式設計
- 演算法的程式設計
- 人機互動程式設計

　　每個主題的章節均提供完整的圖解及程式說明，讓學習者能在本書的引導中順利學習到 App 應用程式的開發設計流程，建立良好的程式邏輯觀念，本書適合作為學校上課教程及自我學習的參考教材。

　　本書能夠得以完成相當感謝台科大圖書范文豪總經理的支持及編輯群的協助，期望我們的作品可以讓讀者喜愛，現在就讓我們一起打開 App Inventor 2 的大門吧！

簡良諭

目錄

Chapter 1 ◇ 運算思維　　　　　　　　　　　2

結構化與模組化

Chapter 2 ◇ 華氏溫度轉攝氏溫度　　　　　12

Chapter 3 ◇ 計算 BMI　　　　　　　　　　38

Chapter 4 ◇ 動物單字卡　　　　　　　　　58

Chapter 5 ◇ 井字三角形　　　　　　　　　74

Chapter 6 ◇ 空氣品質監測　　　　　　　　86

Chapter 7 ◇ 生活小工具　　　　　　　　　98

Contents

第二篇 演算法

Chapter 8 ◇ 猜拳遊戲 ... 122

Chapter 9 ◇ 樂透開獎 ... 142

第三篇 互動程式設計

Chapter 10 ◇ 隨手塗鴉 ... 170

Chapter 11 ◇ 多媒體應用 ... 184

Chapter 12 ◇ 組件類別簡介 ... 222

附錄

課後習題參考答案 ... 242

Chapter 1

運算思維

一、運算思維簡介

　　2006 年，美國周以真教授提出：「運算思維是每個人都需要具備的日常生活技能，而不只是電腦科學家所說的程式編寫能力」。2011 年，周以真教授更進一步定義運算思維為：「涉及問題制定與問題解決方案的過程，使用訊息處理可以依照解決方案，有效執行並解決問題」。

　　電腦雖然可以用來幫助我們解決問題，但是在解決問題之前，還是需要我們先了解問題本身及其解決方法。舉例來說，我們必須了解數學概念及解題方法後，再透過電腦幫忙進行方程式及公式的計算來解決數學問題。

　　英國 BBC 網站將運算思維分為四個知能，分別為**問題拆解**、**模式識別**、**抽象化**及**演算法設計**，這四個知能之間並沒有一定的順序，並不是每個問題都會用到四個知能，但是複雜的問題，往往會來回重複運用。

1. 問題拆解：將複雜的問題或系統分解為更小、更易於管理的部分。
2. 模式識別：尋找問題之間和內部的相似之處。
3. 抽象化：只關注重要信息，忽略不相關的細節。
4. 演算法設計：針對問題制定逐步解決方案或解決問題的規則。

Chapter 1 運算思維

運算思維並不是程式設計，運算思維是由人來透過問題拆解、模式識別、抽象化、演算法設計後，再交給電腦去執行並解決問題。

運算思維其實在生活中運用相當廣泛，當你和朋友約在一個陌生的地點見面時，你可能在出門前先規劃好直接到達的路線，或是規劃中途先去某地逛街後再去會面地點的路線。其實，你規劃的路線的過程就是運算思維的進行了，所以說運算思維是一個你必須具備而且可能每天都在使用的技能。

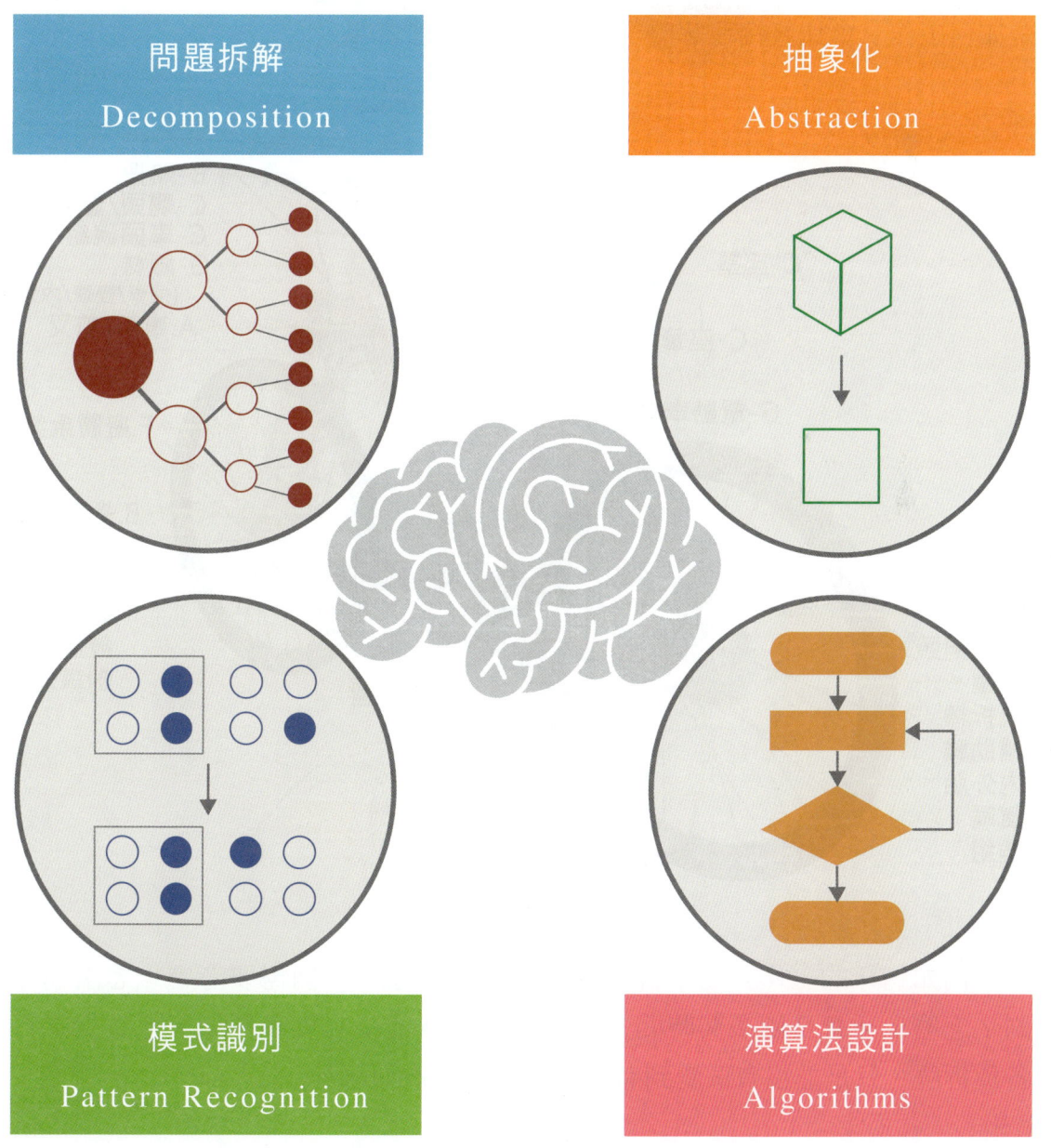

二、問題拆解

　　問題拆解是將複雜的問題或系統拆解為更容易管理、理解的較小部分，因為較小的部分比較容易檢查、解決或獨立設計。

　　為什麼問題拆解很重要？要同時解決不同階段的複雜問題是比較困難的，先將問題拆解成許多小問題後，可以更仔細地檢視每個小問題。例如，將自行車分成較小的部件，來了解各部分（如車輪、龍頭、支架、動力等）是如何工作，會比直接理解整部自行車如何工作容易。

　　例如刷牙的工作，為了拆解如何刷牙的問題，我們需要考慮：怎麼拿牙刷？怎麼上牙膏？刷多久時間？施多少力在牙齒？其實我們每天都直接進行各種拆解，只是並沒有感覺到有在進行問解拆解而已。

三、模式識別

當拆解複雜問題時，經常會發現在拆解的小問題中有共同特徵，運算思維把這些特徵稱為模式。

如果我們準備要畫一系列的狗時，可以先出狗具有的共同特徵（模式）一如：腿、耳朵和毛皮，只要透過這些特徵來畫一隻狗後，再遵循這種模式可以畫出其他不同類型的狗了。這些狗的差別只是細節，一隻狗可能有長腿、短耳和灰色皮毛；另一隻狗可能有短腿、尖耳和蓬鬆毛皮。

尋找模式可以使問題變簡單，當不同問題之中具有相同的模式時，我們就可以使用相同的解決方案，也就是所謂的尋找舊經驗。問題中找到的模式越多，解決問題就越快、越容易。

四、抽象化

　　當我們拆解複雜問題時，可能會找出許多的特徵，但是我們應該專注於重要的特徵，把無關緊要的小細節忽略掉。抽象化將問題中的重要關鍵特徵轉化成簡單明白的訊息，建立解決的問題的表示法。

（圖片來源：Taipei Travel　https://www.travel.taipei/en/information/tourist-map）

舉例而言，要繪製臺北市捷運的路線圖時，在模式識別中，我們注意到所有的捷運站都具有一些相同特徵，例如捷運線、捷運位置、路線銜接站等，這些是屬於重要關鍵特徵，在繪製捷運路線時，這個特徵是有相關性的。

每個捷運站都有它獨特的特徵，如站體建築特色、出口處結合百貨公司、特殊公共藝術等，這些特徵我們稱為細節。這些細節在繪製捷運路線圖中是無關緊要的，所以要過濾掉它們。

所以我們在繪製捷運的路線圖時，所有路線都有重要的特徵。

- 每條捷運都有捷運站（捷運站的造型不重要）。
- 二個捷運站之間都有前後關係（二站實際距離不重要）。
- 二條捷運線會有銜接的捷運站（如何銜接不重要）。

抽象化就是為了建立模型，模型是我們試圖解決問題的一般概念。例如，捷運站模型要可以代表所有捷運站，捷運站模型不是指特定的捷運站（如捷運淡水站）。可以從捷運站的共通模式來了解任何捷運站的樣子。

建立了模型就可以設計演算法來解決問題,得到如下圖的捷運路線圖。

(圖片來源:臺北大眾捷運 https://www.metro.taipei/cp.aspx?n=91974F2B13D997F1)

五、演算法設計

演算法是一系列解決問題的指令及函式,如:我們平時繫鞋帶、倒一杯茶、穿好衣服或準備一頓飯,其實都是在不知不覺中進行演算法設計了。

舉個例子,如果我們輸入二個數字 3 和 4,想要得到輸出 12 的結果,就要在中間加上一個演算法「乘號 ×」,讓 3×4 = 12。

演算法可以想像為輸入一個甲物品後,經過一個過程後得到另外一個乙物品,中間經過的過程就是所謂的演算法。

例如要把橘子變成橘子汁,可以使用果汁機或是切片榨汁或是用手擠壓,只要最後得到橘子汁,中間的過程就可以稱為演算法。

而實際上許多演算法可能複雜得多,在日常生活中,為面臨的問題找到解決的方法,這些解決方法,也都可以稱為演算法。

要指揮電腦做事時,必須編寫計算機程序,逐步告訴電腦,想要它怎麼做?這個按部就班的程序就是要使用演算法。電腦只能作到和提供給它們的演算法一樣好,如果給了電腦一個糟糕的演算法,電腦執行的效率就很差。演算法應用於許多的事情,包括數值計算、數據處理和自動化等各方面。

六、流程控制結構

演算法或程式如果沒有按照邏輯組織整理，當內容較多時，不僅不易理解，也很難進行維護。因此我們將程式流程以結構化的方式，利用循序、選擇、重複結構來進行程式設計。

循序結構	選擇結構	重複結構
循序結構是由上而下，依序按照一個指令、一個指令逐步執行，這是最基本的程式結構。	在執行過程中，若希望程式經由條件判斷的結果（成立／不成立），來決定接下來要執行何種指令，就可使用選擇結構。	執行程式時，若希望讓某些指令重複執行多次，就可以使用重複結構，不但能簡化程式，也讓程式更容易閱讀與理解。
開始→起床→刷牙→～→上學→結束	開始→輸入分數→分數≥60？成立→及格；不成立→不及格→結束	回合開始→和關主猜拳，玩家勝利？不成立→回到判斷；成立→前進一格→回合結束

結構化與模組化

App Inventor 是 Google 實驗室發展用來開發 Android 應用程式的開發平臺，於 2012 年將計畫移交給麻省理工學院行動學習中心維護，2013 年大幅提升了 App Inventor 功能後，更名為 App Inventor 2。

Chapter 2 ◇ 華氏溫度轉攝氏溫度

Chapter 3 ◇ 計算 BMI

Chapter 4 ◇ 動物單字卡

Chapter 5 ◇ 井字三角形

Chapter 6 ◇ 空氣品質監測

Chapter 7 ◇ 生活小工具

Chapter 2
華氏溫度轉攝氏溫度

學習重點
- 學習專案建立
- 學習加入按鈕、標籤及文字輸入盒元件
- 學習積木模塊的使用
- 學習程式執行測試

2-1 認識 App Inventor 程式語言

　　App Inventor 2 採取圖形化界面設計，以積木式模塊來設計 Android 作業系統的應用軟體。只要拖放模塊即可設計出 Android 系統的應用軟體可以在手機執行。

使用 App Inventor 2 在開發程式具有以下優點：

1 積木模塊式程式設計
視覺化圖形開發環境，如同堆疊積木一般，即可完成程式畫面編排及程式碼的編寫。

2 網路雲端開發環境
程式的開發過程是透過瀏覽器來執行，所有專案的素材及檔案都存放在網路雲端。

3 完整配套的組件
只要拖曳到相對應的組件後即可使用，例如拖曳「照相機」組件即可進行拍照，並可將拍攝的相片顯示在「圖像」組件中。

4 支援樂高模塊
App Inventor2有專屬的NTX樂高機器人模塊，可以控制NTX樂高機器人的運作。

5 搭配 Google Play 商店
App Inventor2設計的應用程式APK檔，除了可以下載到手機安裝使用外，也可以發布到Google Play商店中販售。

2-2 專案說明

本單元將藉由一個簡單的「華氏溫度轉換為攝氏溫度」專案來介紹來在 App Inventor 2 中如何**建立專案、專案畫面設計、組件模塊應用及程式碼撰寫**的完整流程。

- App Inventor 2 網站（https：//appinventor.mit.edu/）
- 免帳號使用 AI2 網站（http：//code.appinventor.mit.edu/）

App 開發基本流程

執行結果

在程式中的華氏溫度處輸入數值，按下「確定」鈕就會顯示換算後的攝氏溫度。

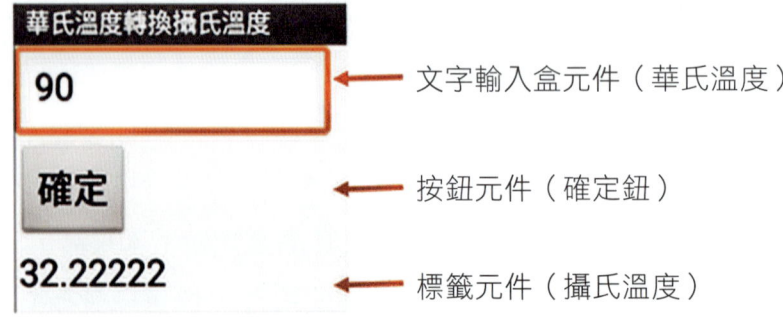

← 文字輸入盒元件（華氏溫度）

← 按鈕元件（確定鈕）

← 標籤元件（攝氏溫度）

2-3 專案畫面編排

一、畫面編排頁面功能

在 App Inventor 2 應用程式開發時，應用程式使用的畫面是在「畫面編排」介面中進行佈置的。建立專案後會自動開啟「畫面編排」介面，依序介紹各區功能說明如下：

2. 工作面板：
各組件在螢幕的位置，調整組件屬性值可以在此處看到調整結果。

4. 組件列表區：
由組件面板挑選使用的組件會列表在此處，採用階層方式放置。

1. 專案名稱：
目前使用的專案名稱。

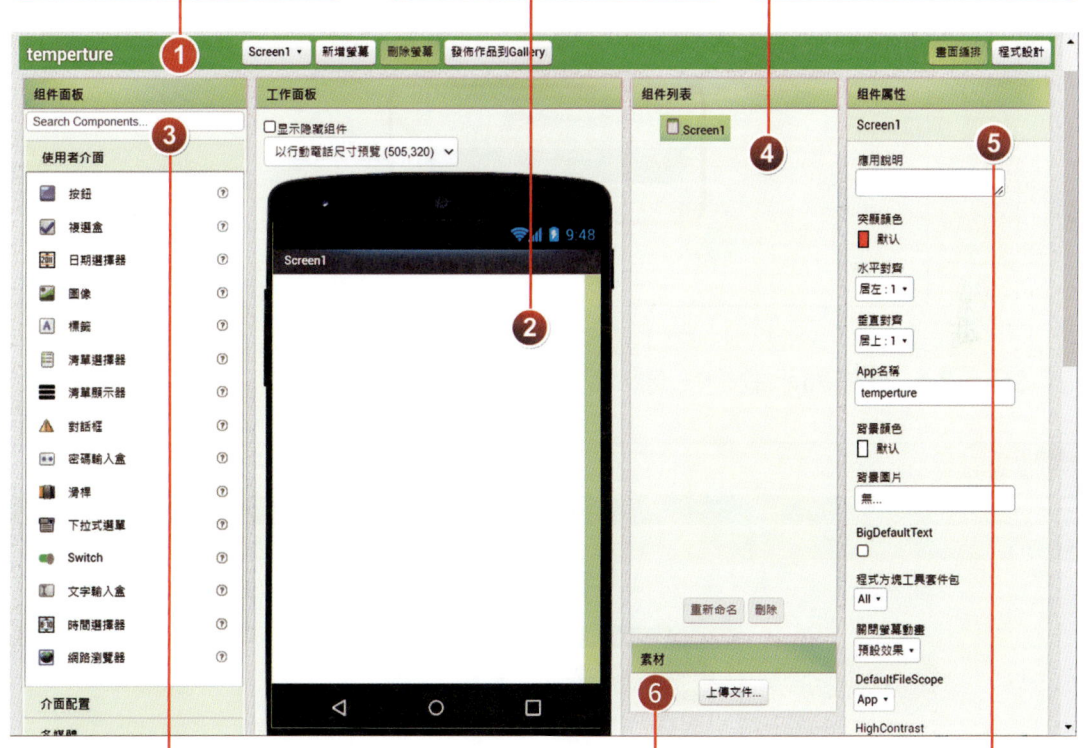

3. 組件面板區：
AI2 提供的多種的組件，如使用者介面、介面配置、多媒體、繪圖動畫、地圖、感測器、社交應用、資料儲存、通訊、樂高機器人等組件。

6. 素材區：
要使用的素材必須先上傳到雲端的素材區，注意上傳的素材檔案是無法重新命名的。

5. 組件屬性區：
先點選組件列表中指定組件，可以設定組件的屬性值，例如高度、寬度、字體大小等。

二、登入開發網頁

Step 1 ▶ 輸入 http：//ai2.appinventor.mit.edu，會自動導向 Google 帳戶登入頁面。

Step 2 ▶ 請輸入 Google 帳號及密碼。

Step 3 ▶ 首先顯示歡迎訊息，畫面預設為英文介面。

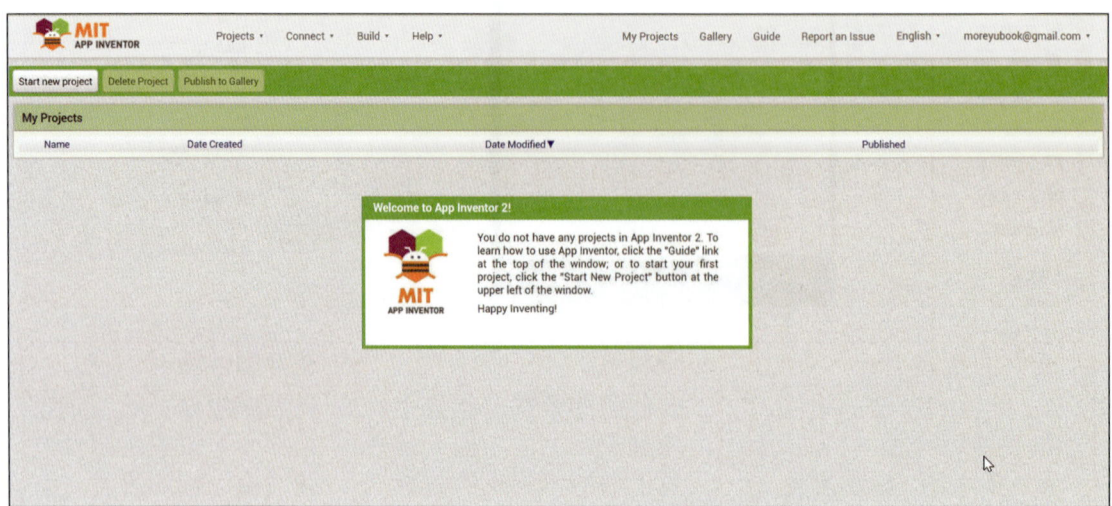

三、切換繁體中文操作

選擇選單「English／正體中文」，將介面改換成中文介面。

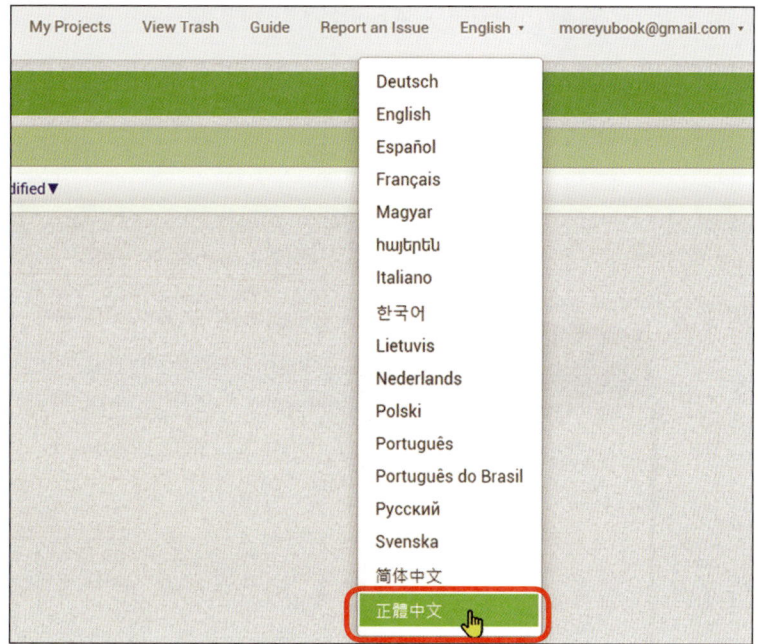

四、新增專案

App Inventor 2 的應用程式是以**專案**的方式進行，專案的名稱只能使用英文字母、數字及「＿」符號，第 1 個字元必須是大小寫的**英文字母**。

Step 1 ▶ 按「新增專案」鈕。

Step 2 ▶ 輸入專案名稱「temperature」後，按「確定」鈕。

五、設定 Screen1 屬性

程式預設的第 1 個畫面指定就是「Screen1」,名稱固定不能重新命名,來設定它的屬性,指定螢幕的方向、App 名稱及標題。

點選「組件列表」區的 Screen1 組件,設定組件屬性區的屬性值:

App 名稱:華氏溫度轉換攝氏溫度。

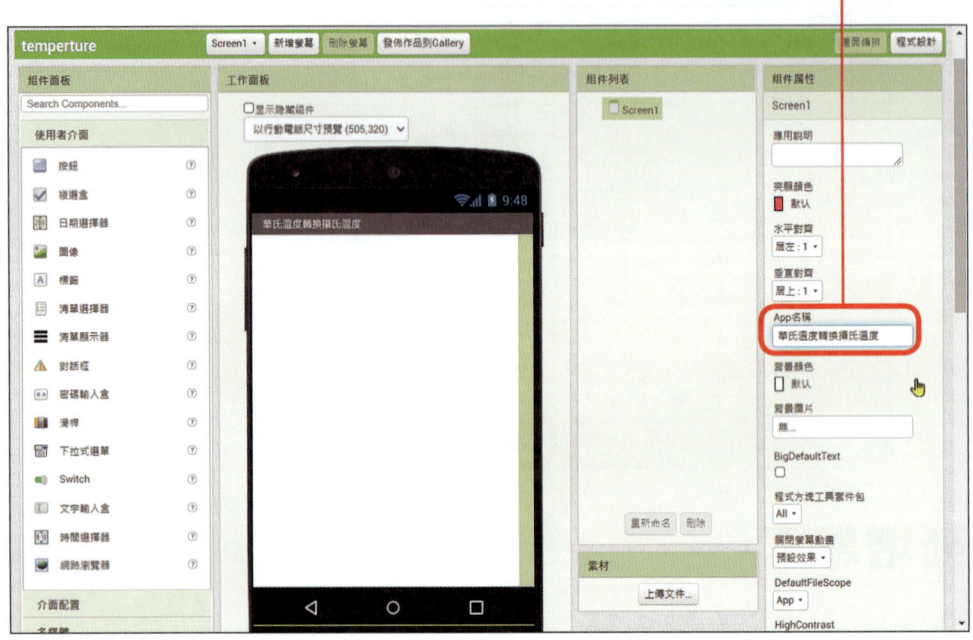

螢幕方向:
鎖定直式畫面。

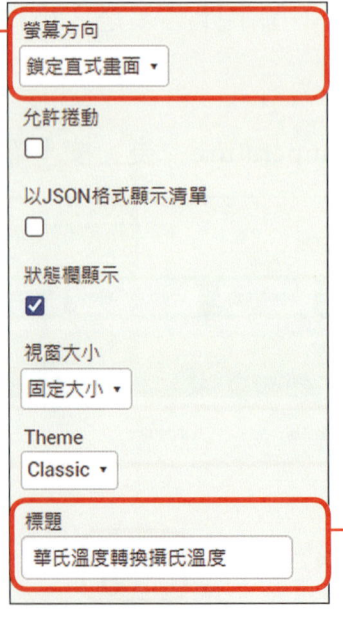

標題:
華氏溫度轉換攝氏溫度。

六、文字輸入盒組件

在 AI2 的組件面板中，根據功能的不同，將組件區分成許多類別，其中最常用的是「使用者介面」類別內的標籤、文字輸入盒、按鈕這三種組件（也稱為元件），其功能說明如下表。

組件名稱	圖示	組件功能
標籤	標籤	顯示文字的組件，常用於顯示內容文字、說明。
文字輸入盒	文字輸入盒	讓使用者輸入文字或數字，通常會搭配按鈕組件使用。
按鈕	按鈕	讓使用者與程式互動的主要組件，當組件被點擊時會觸發特定功能。

新增組件時，只要把想要使用的組件拖曳到工作面板區即可，相同的組件會自動依據新增順序以流水號命名為「按鈕1」、「按鈕2」。

AI2 中各組件常具有相同的屬性項目，這裡我們以標籤組件為例，介紹常見的屬性，以及屬性如何影響組件。

屬性	說明
背景顏色	文字標籤的背景顏色。
字體大小	組件的文字大小。
高度、寬度	標籤組件的高度與寬度，有 4 種模式可選擇，右圖以寬度為例： • 自動：隨內容自動調整大小。 • 填滿：填滿螢幕。 • 像素：依輸入的像素顯示。 • 比例：依輸入的比例顯示。
文字	標籤所呈現的文字內容。
可見性	設定是否顯示在螢幕上，預設為「勾選」（顯示）。

先來加入一個「文字輸入盒」組件來輸入華氏溫度值。

Step 1 ▶ 點選「組件面板／使用者介面／文字輸入盒」組件，拖曳到「工作面板」處。

Step 2 ▶ 點選「組件列表／文字輸入盒 1」後，按「重新命名」鈕。

Step 3 ▶ 在「新名稱」處輸入「華氏溫度」後，按「確定」鈕。

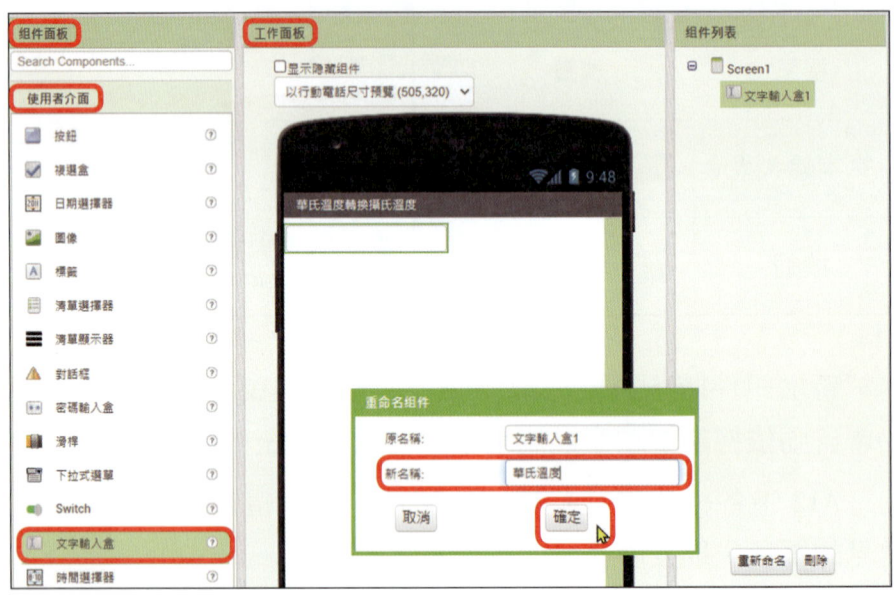

Step 4 ▶ 點選「組件列表／華氏溫度」組件，設定屬性值：

提示：華氏溫度　　字體大小：18

僅限數字：勾選

七、按鈕組件

使用一個「按鈕」組件來等待點選，以進行後續程式的互動組件。

Step 1 ▶ 點選「使用者介面／按鈕」，拖曳到「工作面板」。

Step 2 ▶ 點擊「重新命名」鈕命名為「確定」。

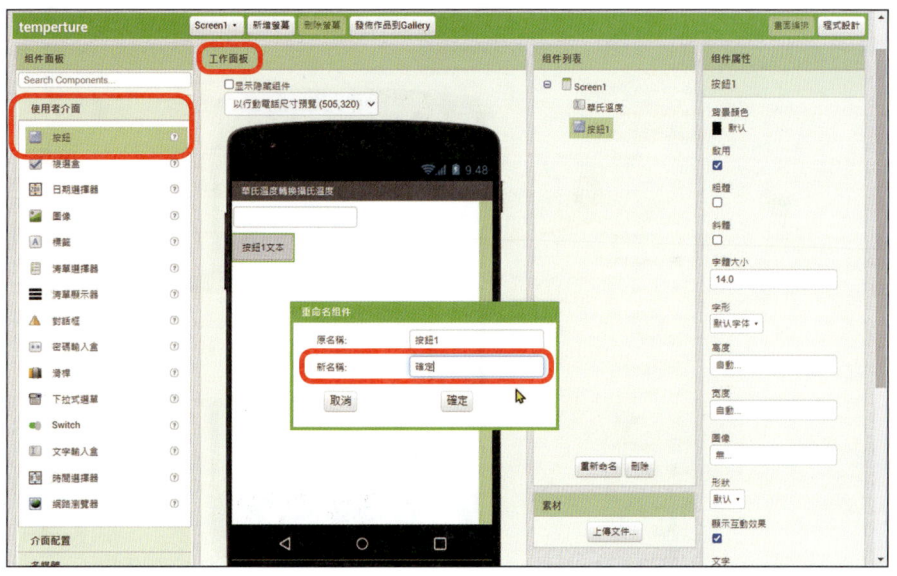

Step 3 ▶ 設定屬性：

字體大小：18

文字：確定

八、標籤組件

現在加入「標籤」組件來呈現執行的結果。

Step 1 ▶ 點選「使用者介面／標籤」，拖曳到「工作面板」處。

Step 2 ▶ 按「重新命名」鈕命名為「攝氏溫度」。

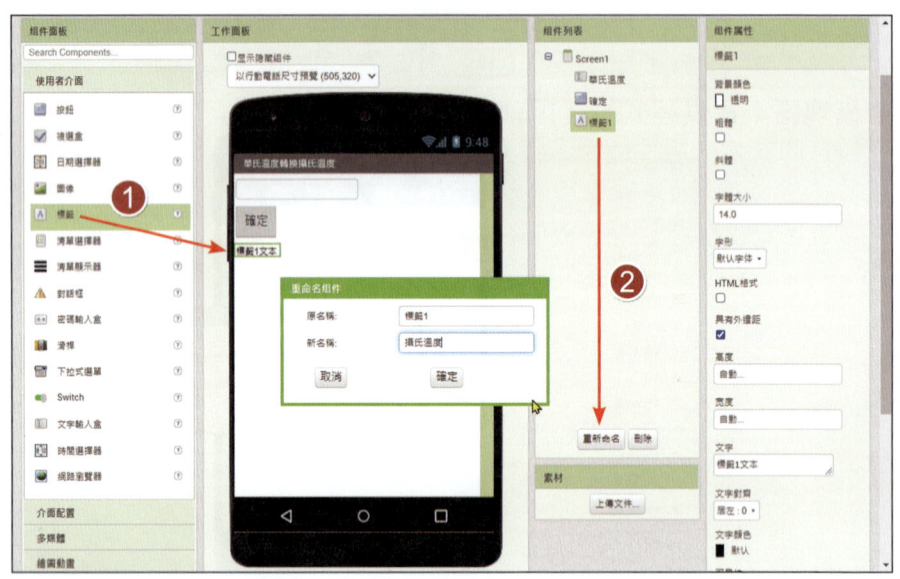

Step 3 ▶ 設定屬性：

字體大小：18

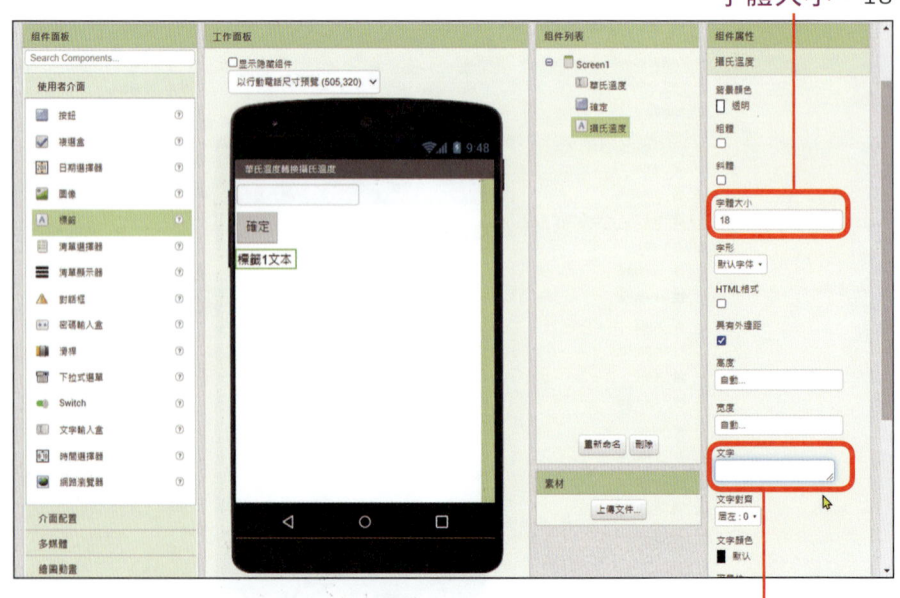

文字：空白

2-4 專案程式設計

專案畫面編排完成後，要點選右上方的「程式設計」鈕，進入「程式設計」介面來進行各組件的程式設計。AI2 使用模塊來進行程式設計，模塊也就是我們俗稱的「積木」，也就是 AI2 是使用積木組合的方式來進行程式設計。

◆ **模塊區**：提供程式設計所使用的所有積木，包含內置塊、組件模塊、任意組件模塊三類。
- **內置塊**：程式內建常用的模塊。
- **組件模塊**：只有在「畫面編排」介面使用的組件，才會出現在組件模塊。
- **任意組件模塊**：可以針對同一類的組件進行統一的程式設計。

背包：
存放常用程式片段，需要時取出使用不必重新編寫。

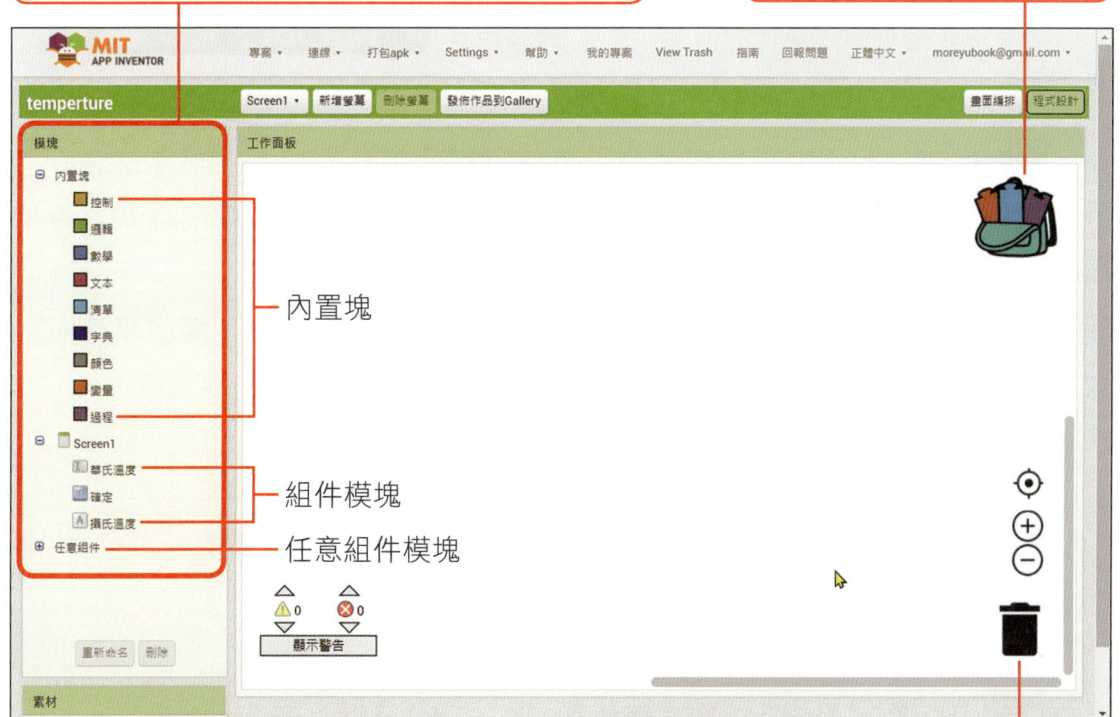

垃圾桶：
把不要的程式模塊拖放到垃圾桶丟棄，也可以直接按「Delete」鍵刪除。

一、積木模塊

點選組件模塊時，會顯示該組件的「事件」、「方法」及「屬性」模塊，系統會以不同顏色來區分不同功能的模塊。

類別	功能介紹	顏色	範例
事件	偵測到觸發程式的事件時，執行模塊中的程式。	土黃色	當 確定 .被點選 執行
方法	呼叫組件執行內容的各種方法與功能。	紫色	呼叫 照相機1 .拍照
屬性	取得組件某項屬性的值。	淺綠色	攝氏溫度 .可見性
	設定組件某項屬性的值。	深綠色	設 攝氏溫度 .可見性 為

在物件導向程式的設計模式中，事件是程式設計的核心。事件是設計者針對物件事先設計好一種情境，當使用者觸發了該事件後，應用程式就會依設計好的程式碼作出因應。

例如在畫面中有一個按鈕（物件），當使用者按下按鈕（觸發事件），就會開始將華氏溫度計算轉換成攝氏溫度顯示出來（執行事件程式碼）。

1 物件
指定的組件，如「**按鈕**」、「**華氏溫度**」等組件。

2 事件
觸發的事件，如「**被點選**」、「**取得焦點**」等。

3 程式碼
事件發生後要執行的程式模塊，如「**轉換成攝氏溫度**」等。

華氏溫度轉攝氏溫度

Step 1 ▶ 點選右上方「程式設計」鈕，進入「程式設計」介面。

Step 2 ▶ 點選「Screen1／確定」的「當確定．被點選」模塊，模塊會出現在工作面板處。

Step 3 ▶ 拖曳「Screen1／攝氏溫度」的「設攝氏溫度‧文字為」模塊，到「當確定‧被點選」模塊內。

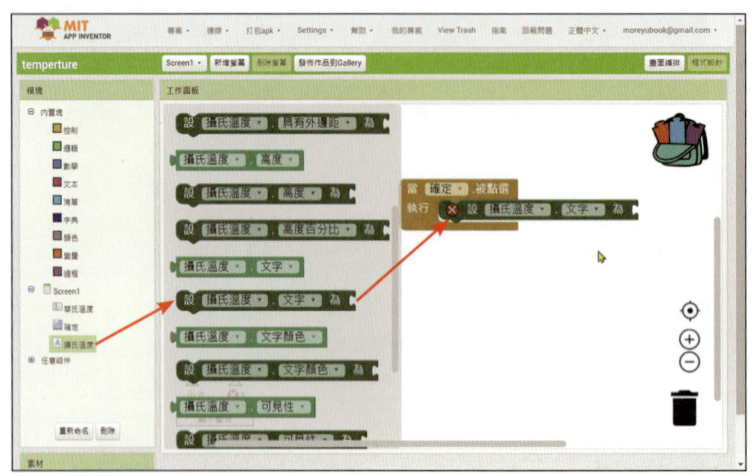

二、四則運算模塊

程式設計中常使用到＋－×÷四則運算，四則運算位於「內置塊／數學」模塊內，例如華氏溫度轉換攝氏溫度的公式為：

$$攝氏溫度 = \frac{5}{9} \times (華氏溫度 - 32)$$

這個公式要多個模塊組合才能完成，學習時要注意先後順序喔！

Step 1 ▶ 點選「Screen1／華氏溫度」的「華氏溫度‧文字」。

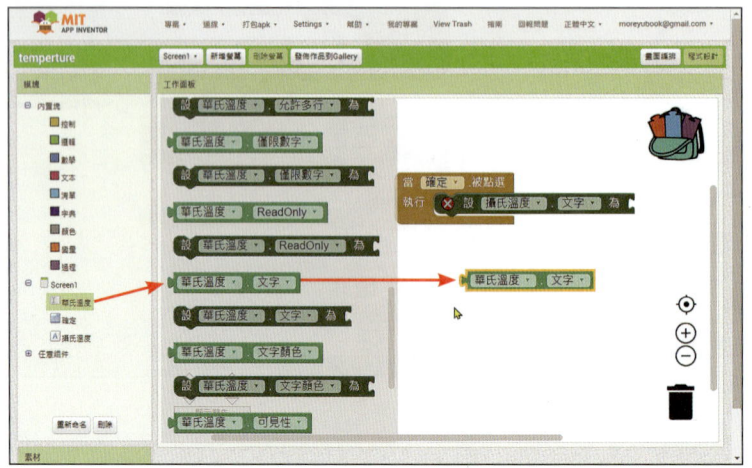

Step 2 ▶ 點選「內置塊／數學」的 [0] 模塊填入【32】。

Step 3 ▶ 取 [■-■] 模塊並組合成（華氏溫度 –32）。

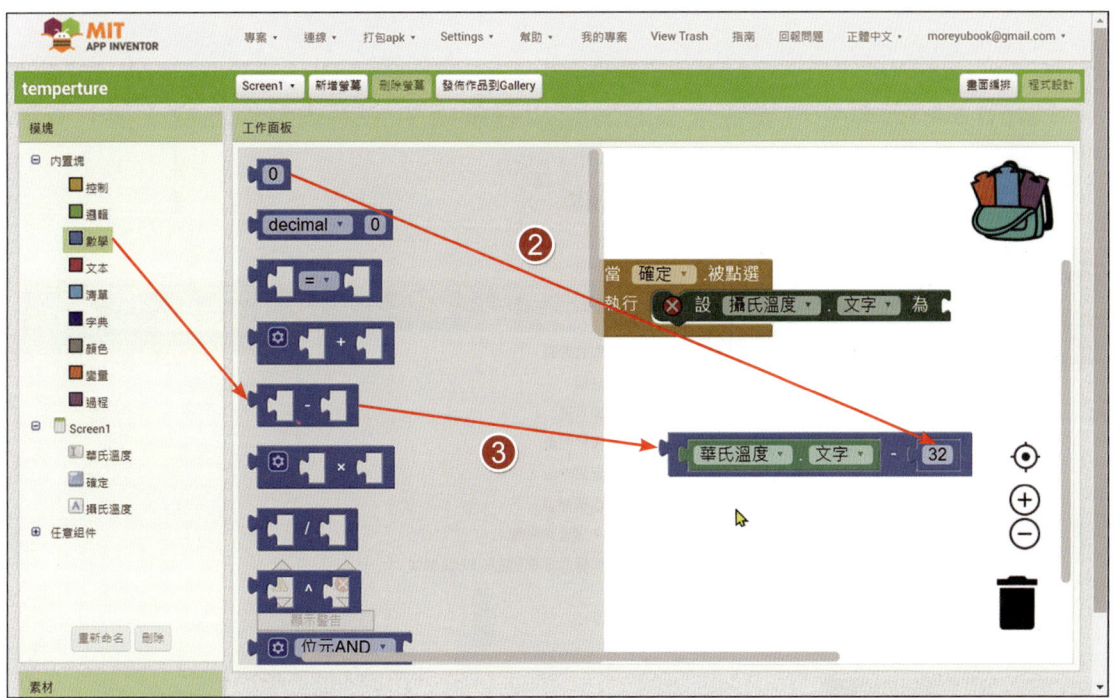

Step 4 ▶ 選取「內置塊／數學」的 [■/■]、[■×■]、[0] 模塊，分別組合成運算式。

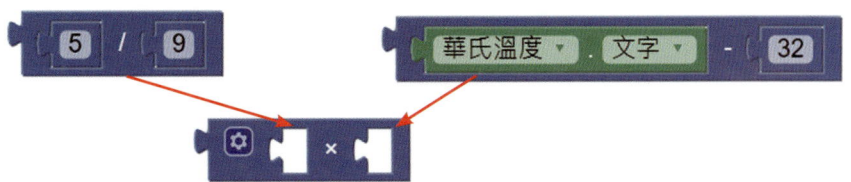

Step 5 ▶ 將模塊組合放入「設攝氏溫度・文字為」右方的輸入項。

Step 6 ▶ 若是覺得模塊太長時，可以在模塊組合處按滑鼠右鍵，選「外部輸入項」，以另外接方式呈現。

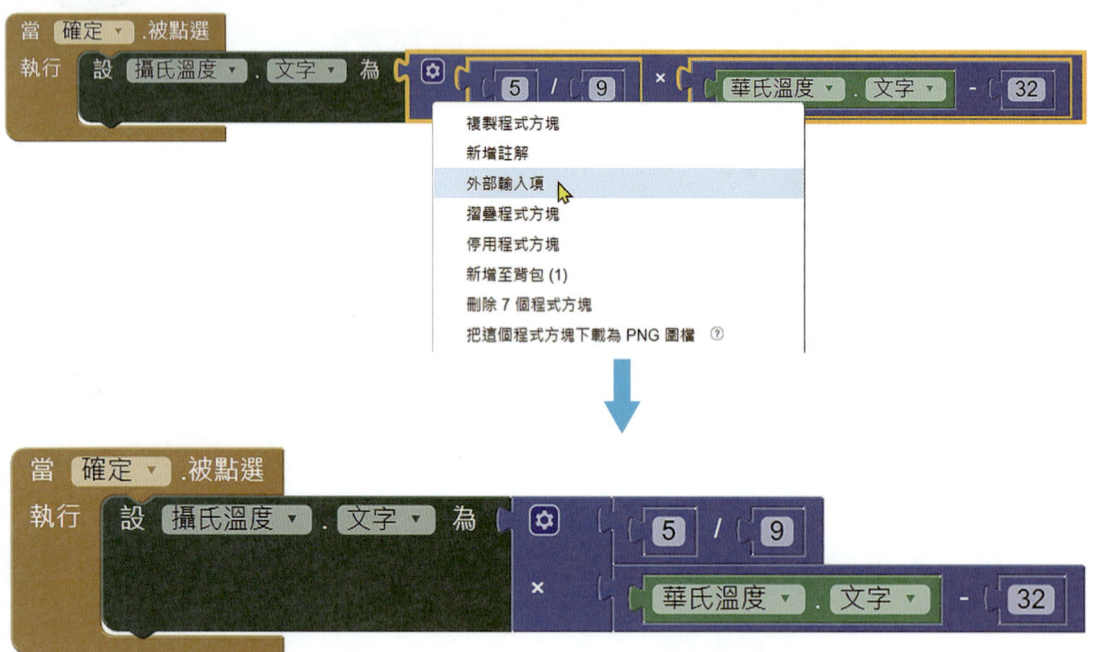

2-5 程式執行測試

App Inventor 2 可以在模擬器、實機 USB 模式及實機 Wi-Fi 模式下測試 App 應用程式。

一、App Inventor 2 模擬器安裝

Step 1 ▶ 進入 http://appinventor.mit.edu/explore/ai2/setup-emulator.html，依作業系統選擇，如點選「Instructions for Windows」下載「MIT_Appinventor_Tools_2.3.0.exe」。

Step 2 ▶ 使用預設值安裝即可，安裝後可以在桌面看到一個 aiStarter 圖示 ，執行 aiStarter 後，再開啟瀏覽器進入 App Inventor 2 開發平臺。若是模擬器會要求更新，請按下「確定」鈕即可。

二、模擬器執行

模擬器安裝後，要先執行模擬器再等待 AI2 來呼叫它工作。

Step 1 ▶ 選擇「連線／模擬器」。

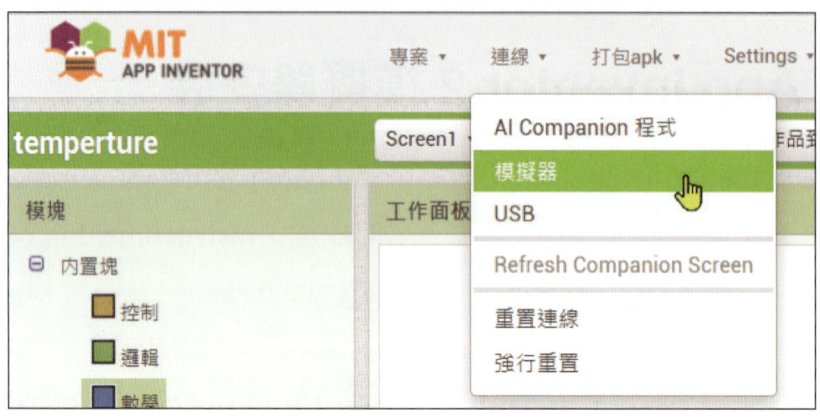

Step 2 ▶ 等待數十秒後，即出現模擬器畫面。

Step 3 ▶ 輸入華氏溫度「90」後，按「確定」鈕後，看看結果如何？

 知識補給站

1. 當遇到 aiStarter 有開啟，點選「連線／模擬器」無法執行模擬器，表示 AI2 網站與 aiStarter 無法連結，可以進入目錄，採以下方法來排除故障。

    • 執行 adbrestart.bat 重新啟動 adb 服務，資料夾下的「adbrestart.bat」，正常狀況下就會啟用模擬器。

    • 如果還不行，在 AI2 程式網站點選「連線／重置連線」，再點選「連線／模擬器」啟用模擬器。

2. 修改 C:\Program Files (x86)\AppInventor\commands-for-appinventor\run-emulator.bat 的內容，可以調整模擬器畫面比例大小（建議調為 scale 1.0 即可）。

    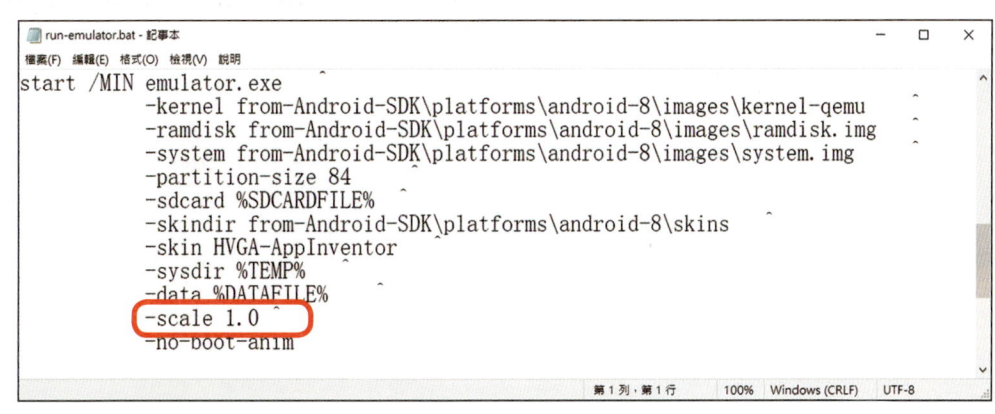

三、BlueStacks 模擬器

除了使用內建的模擬器外，建議使用 BlueStacks 這套老牌的模擬器，到 https://www.bluestacks.com/ 網址即可直接下載來安裝。

安裝 BlueStack 模擬器後，它就如同一台真實的手機或平板，可以安裝 APK 軟體，也可以登入 Google Play 來安裝 App 軟體。

但 BlueStack 預設的文字轉語音的引擎是「Pico TTS」，無法配合 App Inventor 2 的文字語音轉換器組件使用，所以要另外安裝「Speech Services by Google」引擎。操作步驟如下：

Step 1 ▶ 登入 Google Play，安裝 Speech Services by Google。

Step 2 ▶ 到「設定／語言與輸入設定／文字轉語音輸出」處。

Step 3 ▶ 此時除了 Pico TTS 之外，會多了 Speech Services by Google。

Step 4 ▶ 選取「Speech Services by Google」作為服務即可。

四、APK 下載安裝

要執行程式時，只要將專案完成的 .apk 安裝檔拖曳到 BlueStacks 模擬器畫面中就可以自動安裝完成。

Step 1 ▶ 選擇「打包 apk ／ Android App (.apk)」。

Step 2 ▶ 將「temperature.apk」拖曳安裝到模擬器或安裝到手機平板中。

Step 3 ▶ 點選 ，進入執行畫面，輸入華氏溫度「90」後，按「確定」鈕後，得到攝氏溫度 32.22222。

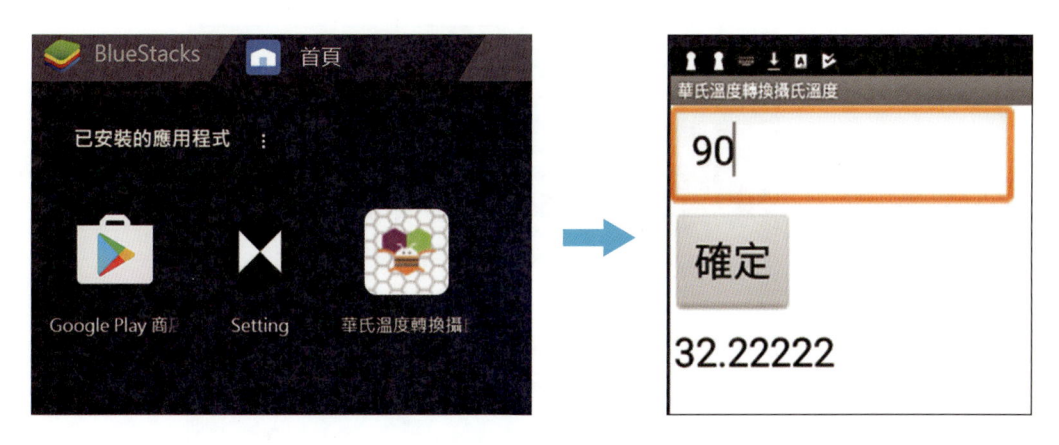

五、MIT companion

如果在實體手機或BlueStack上安裝「MIT AI2 Companion」這個App，可以透過掃描QR code或輸入6個字母碼，連線實體操作，不用安裝APK。

Step 1 ▶ 選擇 AI2 的「連線／AI Companion 程式」，產生連線代碼及 QR code。

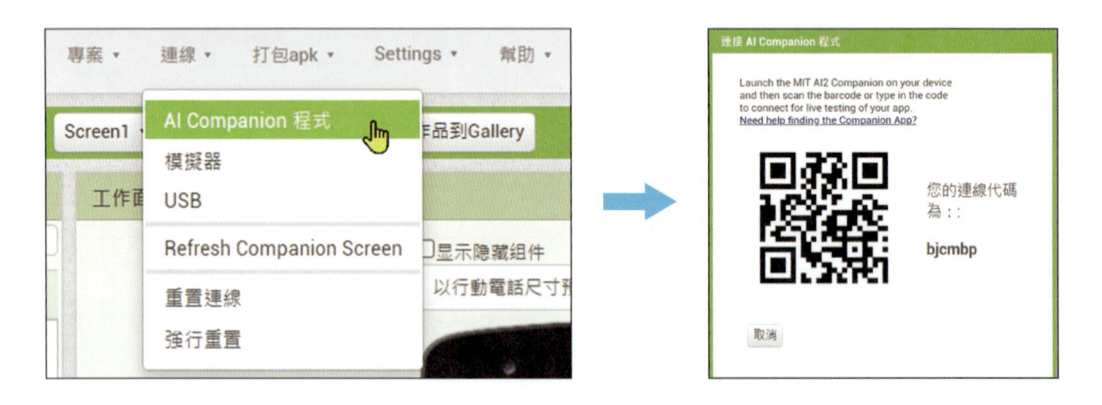

Step 2 ▶ 按輸入連線代碼後，按「Connect with code」鈕，即可連線實體操作。

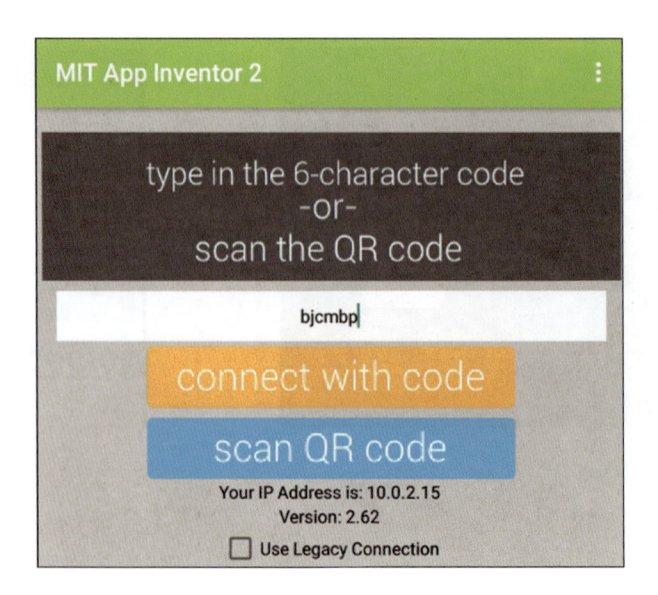

Chapter 2 課後習題

(　) 1. 要在螢幕畫面上顯示文字,可以使用哪種組件?
(A) 標籤　　　　　　　　　(B) 圖像
(C) 按鈕　　　　　　　　　(D) 日期。

(　) 2. 「標籤」組件屬性中「寬度」屬性的哪一項會根據內容彈性調整寬度?
(A) 像素　　　　　　　　　(B) 填滿
(C) 自動　　　　　　　　　(D) 比例。

(　) 3. 「按鈕」組件屬性中哪一個屬性可以讓它在畫面上隱藏起來?
(A) 顯示互動效果　　　　　(B) 啟用
(C) 背景　　　　　　　　　(D) 可見性。

(　) 4. 下列哪一項是 App Inventor 2 的檔案副檔名?
(A) .aia　　　　　　　　　(B) .php
(C) .phy　　　　　　　　　(D) .apk。

(　) 5. 下列哪一項檔名不符合 App Inventor 2 專案名稱規定?
(A) 123abc　　　　　　　　(B) abc123
(C) ABC123　　　　　　　　(D) a1b2c3。

(　) 6. 安裝 App Inventor 時,系統會自動安裝內建的模擬器,請問內建模擬器的名稱為下列哪一個?
(A) AISuper　　　　　　　(B) aiStarter
(C) allstart　　　　　　　(D) AppStart。

(　　) 7. App Inventor 2 內建的內置塊不包含下列何者？
(A) 流程控制　　　　　　(B) 事件
(C) 邏輯　　　　　　　　(D) 數學。

(　　) 8. App Inventor 2 內建的內置塊不包含下列何者？
(A) 清單　　　　　　　　(B) 文字
(C) 畫筆　　　　　　　　(D) 顏色。

(　　) 9. 下列哪一個是標籤組件的圖示？
(A) ![A]　　　　　　　　(B) ![圖]
(C) ![I]　　　　　　　　(D) ![▲]。

(　　) 10. 按下「按鈕」組件不放開時，可以觸發哪一個事件？
(A)「被長按」事件　　　　(B)「失去焦點」事件
(C)「被點選」事件　　　　(D)「取得焦點」事件。

(　　) 11. 下列哪一個組件無法用模擬器來呈現？
(A) 方向感測器　　　　　(B) 標籤
(C) 圖像　　　　　　　　(D) 按鈕。

MEMO......................

Chapter 3　計算 BMI

學習重點　學習變數的使用、合併文字
　　　　　　學習對話框組件應用
　　　　　　學習介面配置
　　　　　　學習選擇結構邏輯應用

3-1　專案說明

設計計算 BMI 程式，使用者輸入身高及體重數值後，點選「計算」按鈕後，應用程式將會出現 BMI 計算的結果。

執行結果

按「計算」鈕	BMI 計算結果
計算BMI 身高：176 體重：80 計算	計算BMI 身高：176 體重：80 計算 BMI計算 25.82645,太重了,要多運動！ OK

3-2 專案畫面編排

製作「計算 BMI」應用程式時，使用「水平配置」及「表格配置」組件來配合畫面編排，使用「文字輸入盒」組件來輸入身高及體重數值，按下「計算」按鈕後，使用「對話框」組件來顯示結果。

工作面板	組件列表	素材檔案
計算BMI 身高： 體重： 計算	Screen1 　標籤1 　表格配置1 　　標籤2 　　標籤3 　　身高 　　體重 　按鈕1 　對話框1	無

一、Screen1 螢幕屬性及標題標籤

Step 1 ▶ 按「新增專案」鈕，建立「BMI」專案。

Step 2 ▶ 點選「Screen1」組件，設定組件屬性值：

App 名稱	標題	螢幕方向
計算 BMI	計算 BMI	鎖定直式畫面

Step 3 ▶ 拖曳「使用者介面／標籤」組件到工作面板，設定組件屬性值：

粗體	字體大小	文字	文字顏色
勾選	36	計算 BMI	藍色

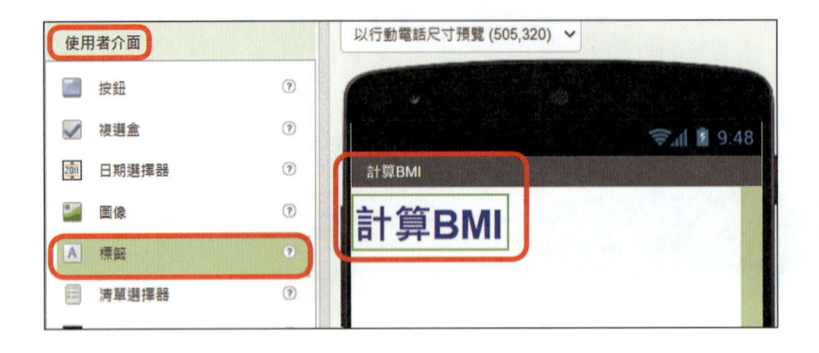

二、表格配置、身高、體重標籤及文字輸入盒

Step 1 ▶ 拖曳「介面配置／表格配置」組件到工作面板，設定屬性值：

列數	行數
2	2

Step 2 ▶ 拖曳 2 次「使用者介面／標籤」組件到「表格配置 1」內左上處，設定屬性值：

表格配置 1 位置	字體大小	文字
左上	18	身高：
左下	18	體重：

Step 3 ▶ 拖曳「使用者介面／文字輸入盒」組件到「表格配置 1」內，設定屬性值：

表格配置 1 位置	重新命名	字體大小	提示	僅限數字
右上	身高	18	輸入身高（cm）	勾選
右下	體重	18	輸入體重（kg）	勾選

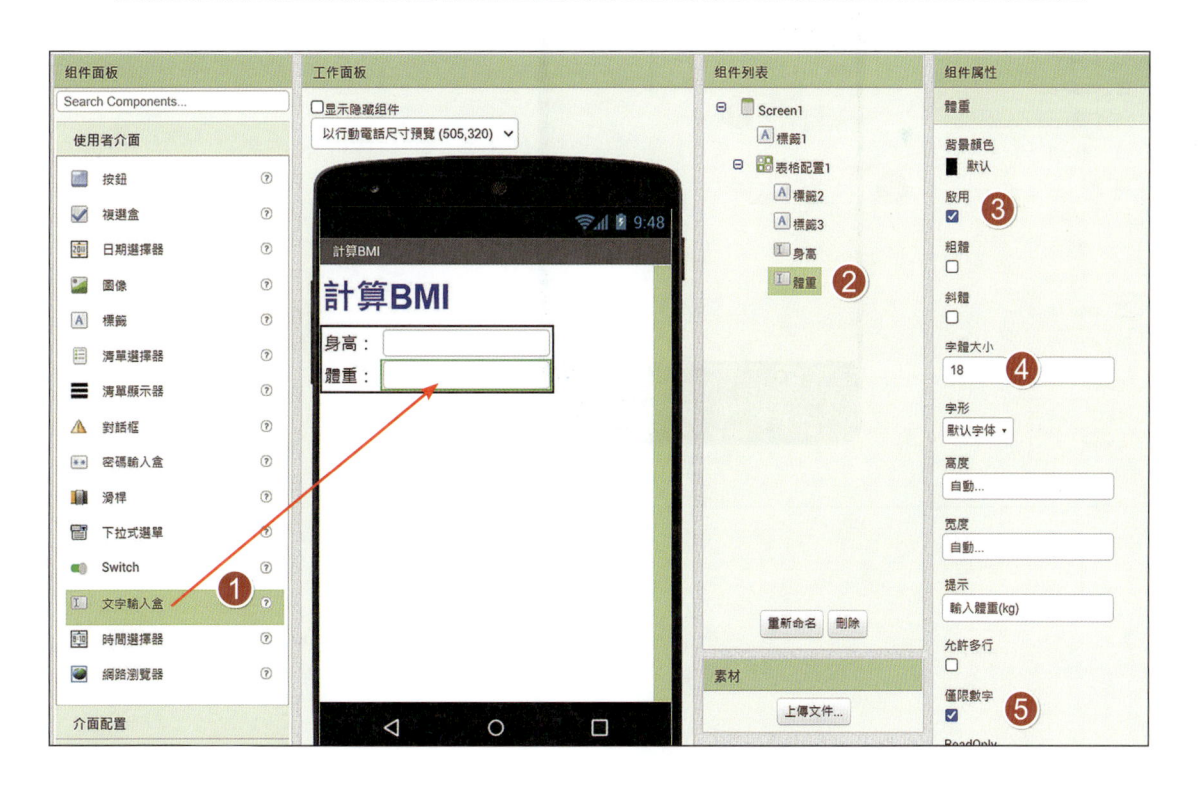

三、計算按鈕、顯示計算說明對話框

Step 1 ▶ 拖曳「使用者介面／按鈕」組件到工作面板，設定屬性值：

字體大小	寬度	文字
18	100 像素	計算

Step 2 ▶ 拖曳「使用者介面／對話框」組件到工作面板，為不可見組件，屬性值採預設值。

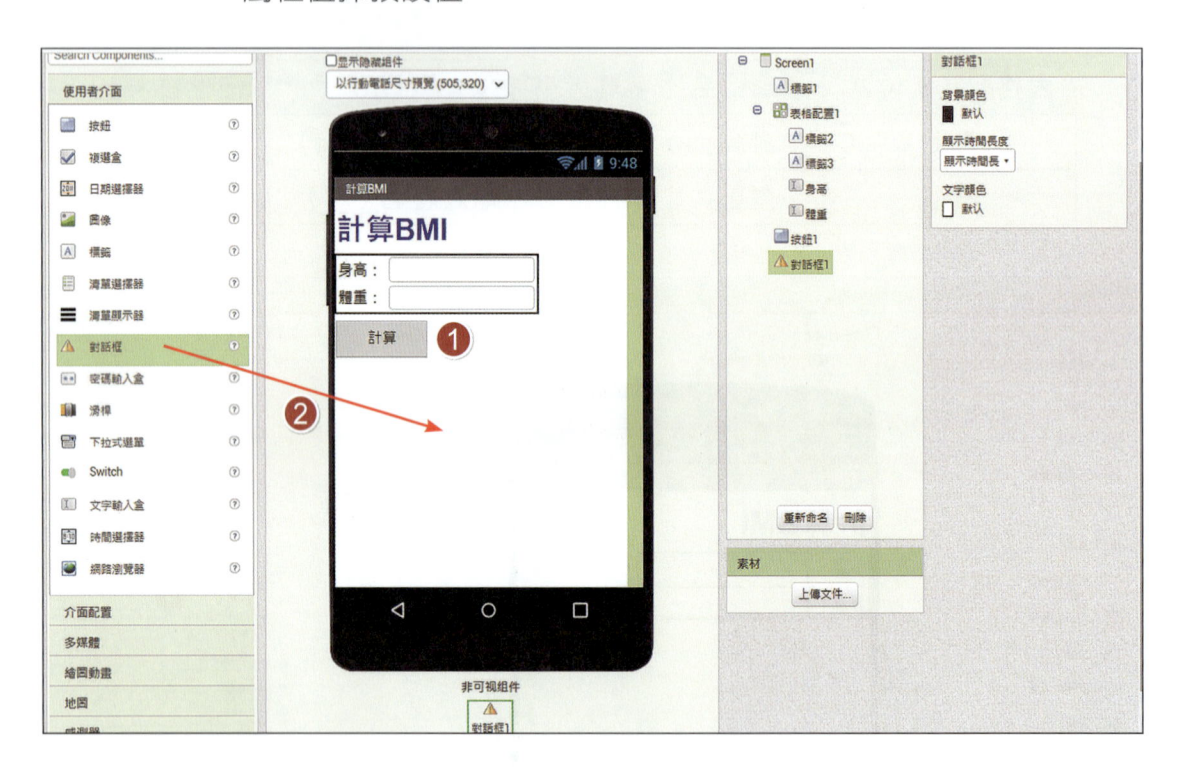

3-3 專案程式設計

變數

什麼是變數？程式語言中有一種「用來存放資料的容器」，稱為「變數」，裡面可以是空的，也可以存放數字或文字資料。

一個變數只能存放一筆資料，當放入新的資料時，舊的資料就會被覆蓋並取代，只留下最新放入的資料。

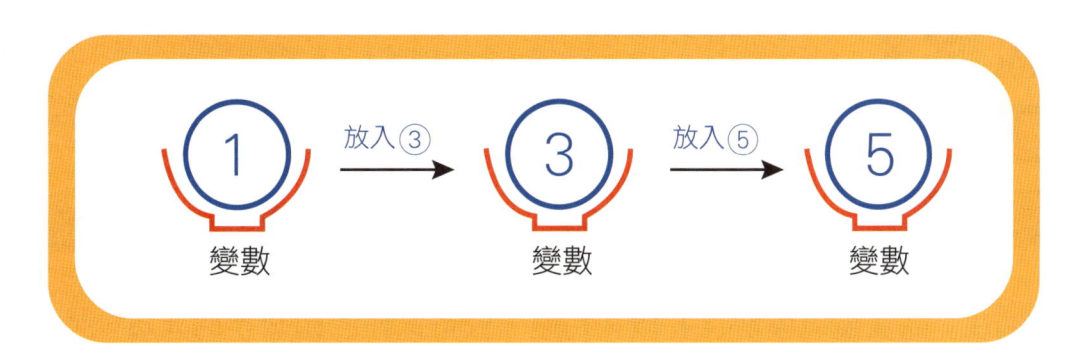

App Inventor 2 的變數名稱可使用中文、英文或中英文混合及符號「@」、「_」，如「成績」、「Score」等。變數有分全域變數及區域變數二類，全域變數在整個 App 程式中均可用，區域變數則只能在函式中使用。

📝 數學運算

許多的應用程式都會使用數學及字串運算，數學運算除了加減乘除四則運算外，還提供平方根、三角函數等。另外 [=] 還可以配合邏輯判斷，以進行後續程式設計，如：

意義	範例	結果
數值大小比較	5 < 7	真
平方根	平方根 4	2

常用的數學運算模塊陳列於下：

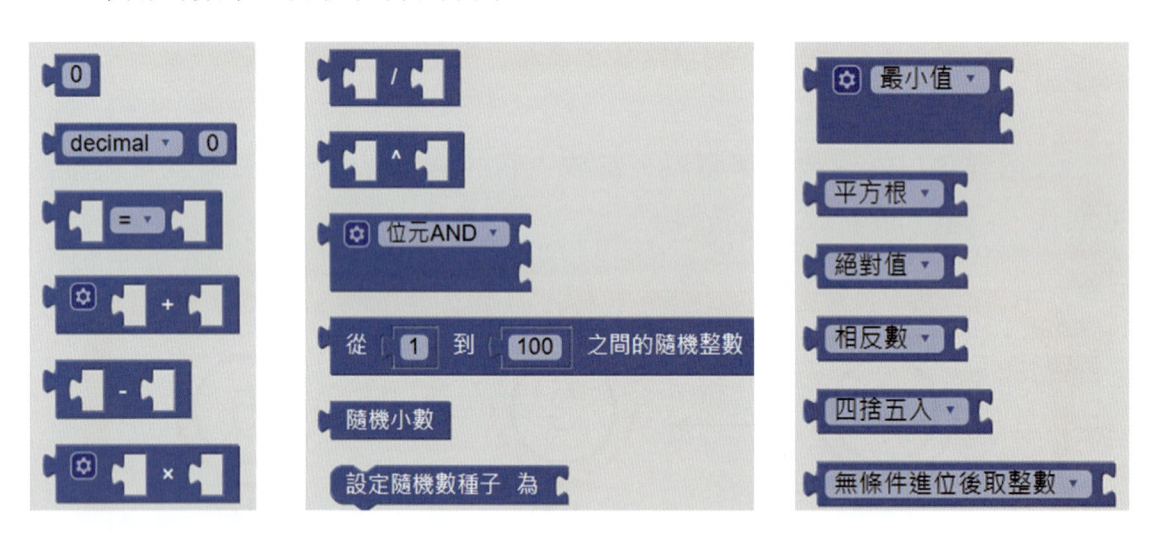

減法、除法運算模塊沒有擴充功能，只可以作二個數字的運算，加法、乘法模塊有擴充功能，可以進行多個數字連加或連乘。如「1＋2＋3」為例：

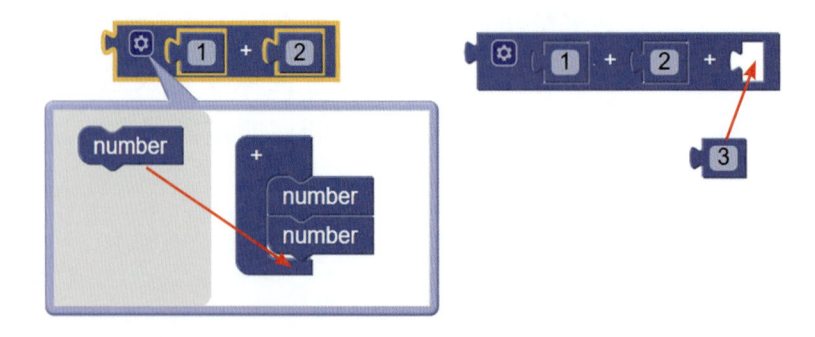

字串運算

字串運算除了可以將多個字串合併成一個字串外，還可以進行文字檢查的邏輯判斷與字串取代、提取與字串比較的功能。

模塊	範例	結果
合併文字	合併文字 "AB" "CD"	ABCD
文字大小比較	文字比較 "A" < "B"	真

常用的字串運算模塊陳列於下方：

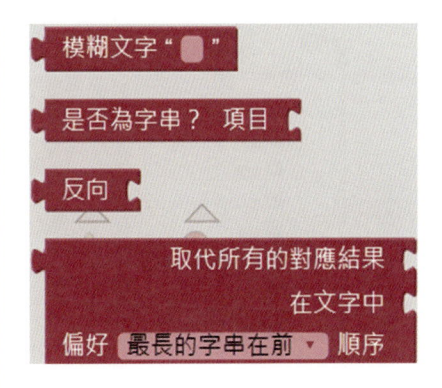

"□"
合併文字
求文字長度
是否為空
文字比較 □ < □
刪除空格
大寫

檢查文字 是否包含子串 片段
分解 文字 分隔符號
用空格分解
從文字 的第 位置提取長度為 的片段
將文字 中的所有 片段全部取代為

模糊文字 "□"
是否為字串？項目
反向
取代所有的對應結果 在文字中 偏好 最長的字串在前 順序

字串比較有「小於、等於、不等於、大於」4 種條件，逐一比較字串中的相同位置的字元，若字元相同就比較下一個字元，直到得到結果。

字元的判斷標準如下：

- 大寫數值比小寫小，如 A < a。
- 英文字母前面的較小，如 A < B。
- 長度較短者數值較小，如 ABC < ABCD。

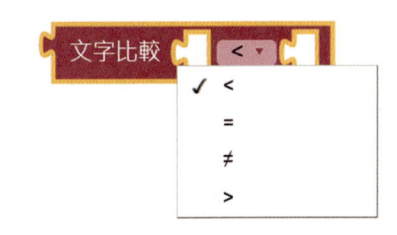

文字比較 □ < □
✓ <
=
≠
>

注意 比較的字串含有數字時，如「123」與「0123」，在數學運算時二者相等，但字串運算時二者不相等。

一、宣告變數

Step 1 ▶ 按「程式設計」鈕進入程式設計介面

Step 2 ▶ 點選「內置塊/變量的「  初始化全域變數 變數名 為 」模塊，更改變數名為「身高」。

Step 3 ▶ 點選「內置塊/數學」的「  0 」，放入插入項。

Step 4 ▶ 點選「內置塊/數學」的「  0 」，來宣告「體重」和「BMI」變數。

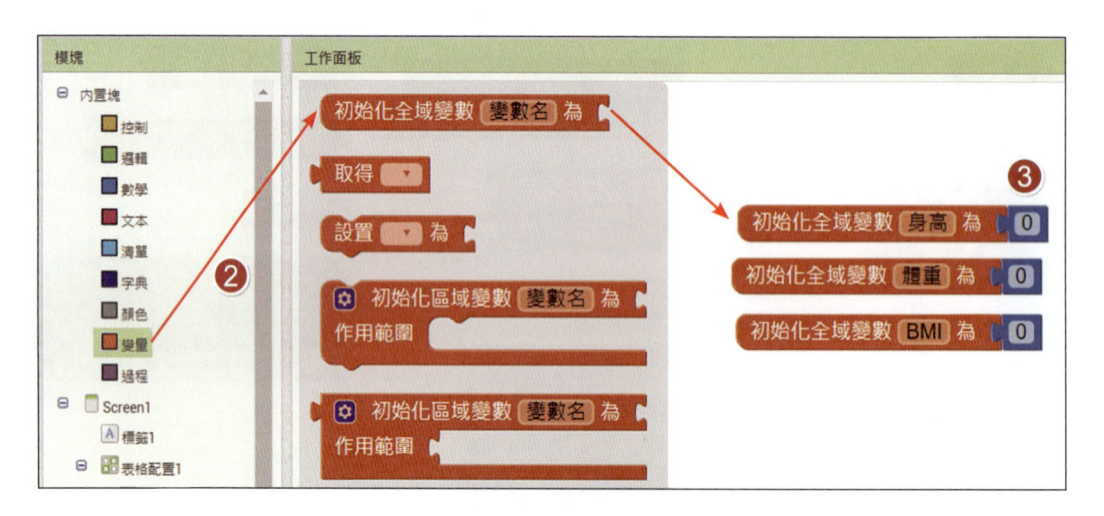

二、檢查輸入身高或體重空白值

Step 1 ▶ 由「按鈕1」組件中拖曳「  當 按鈕1 .被點選 執行 」，拖曳內置塊「控制」中「  如果 則 否則 」模塊。

Step 2 ▶ 點選內置塊「邏輯」中的「■或■」及「■=■」模塊組成下方拼塊（點選右鍵的「外部輸入項」使模塊並排）。

Step 3 ▶ 由「身高」組件中取「身高.文字」模塊、「體重.文字」模塊，從內置塊「文字」中「■"■"」模塊分別放入「■=■」模塊的左右側。

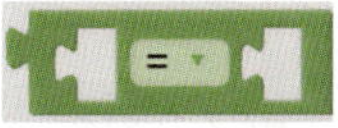

Step 4 ▶ 點選「對話框1」組件的「呼叫 對話框1.顯示訊息對話框」模塊，並由內置塊「文字」中加入「■"■"」插入項：

訊息	標題	按鈕文字
請輸入身高及體重	錯誤訊息	OK

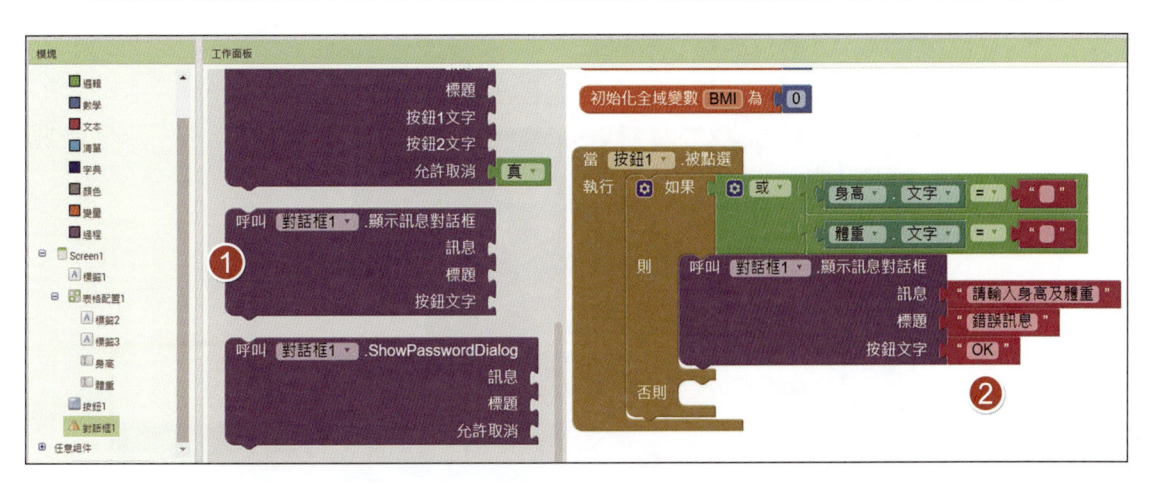

47

三、計算 BMI 值

世界衛生組織建議以身體質量指數（Body Mass Index，BMI）來衡量肥胖程度，其計算公式是 $\text{BMI} = \dfrac{體重（公斤）}{身高（公尺）^2}$，BMI 在 18.5 到 24 之間為標準，BMI < 18.5 則太瘦、BMI > 24 則過重。

Step 1 ▶ 點選內置塊「變數」中「設置 ▼ 為」模塊，放入「否則」區段，將變數設為「身高」。

Step 2 ▶ 點選內置塊「數學」中「／」模塊，放到「設置身高為」模塊輸入項。

Step 3 ▶ 選取「身高.文字」模塊及數字「100」模塊放入「／」模塊中。

Step 4 ▶ 依相同方法，完成「設置體重為」「體重.文字」模塊、「設置 BMI 為」為 $\dfrac{體重值}{身高值^2}$。

四、依 BMI 值顯示訊息

判斷式

　　判斷式主要是檢查指定的條件式,當條件為「真」(成立),則執行「則」區段的程式,若條件式為「假」(不成立),則執行「否則」區域的程式。但是很多狀況並不是一個簡單的判斷式就可以解決,所以判斷式有單向、雙向及多向判斷式三種。

	程式	說明
單向判斷式	如果 取得 全域 年齡 ≥ 18　則 設 標籤1.文字 為 "成年"	如果「年齡 ≥ 18」,則「成年」。
雙向判斷式	如果 取得 全域 成績 ≥ 60　則 設 標籤1.文字 為 "及格"　否則 設 標籤1.文字 為 "不及格"	如果「成績 ≥ 60」(條件甲),則「及格」(甲成立),否則「不及格」(甲不成立)。
多向判斷式	如果 取得 全域 年齡 < 12　則 設 標籤1.文字 為 "免費"　否則,如果 取得 全域 年齡 < 18　則 設 標籤1.文字 為 "半票"　否則 設 標籤1.文字 為 "全票"	如果「年齡 < 12」(條件甲),則「免費」(甲成立),否則,如果「年齡 < 18」(甲不成立,條件乙),則「半票」(乙成立),否則「全票」(乙不成立)。

Step 1 ▶ 加入內置塊「控制」中的「如果　則」模塊,點擊「⚙」鈕,在「如果」區塊內加入「否則,如果」和「否則」模塊。

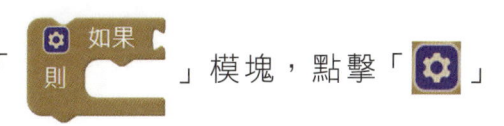

Step 2 ▶ 加入內置塊「數學」中「　＝　」模塊，改成「＜」，加入「取 BMI」模塊及數字「18.5」。

Step 3 ▶ 點選「對話框 1」的「呼叫對話框 1.顯示訊息對話框」組件，放入「如果…則」區段，填入插入項：

- 訊息：合併文字「變數 BMI」值＋「，太輕了，要多吃點！」。

- 標題：「BMI 計算」。

- 按鈕文字：「OK」。

Step 4 ▶ 依相同方法，完成「BMI ≥ 24」，並複製「呼叫對話框 1. 顯示訊息對話框」組件，放入「否則，如果」區塊中，修改插入項：

- 訊息：合併文字「變數 BMI」值＋「，太重了，要多運動！」。

- 標題：「BMI 計算」。

- 按鈕文字：「OK」。

Step 5 ▶ 依相同方法，並複製「呼叫對話框 1. 顯示訊息對話框」組件，放入「否則」區塊中，修改插入項：

- 訊息：合併文字「變數 BMI」值＋「，標準耶，要好好維持！」。

- 標題：「BMI 計算」。

- 按鈕文字：「OK」。

Chapter 3 課後習題

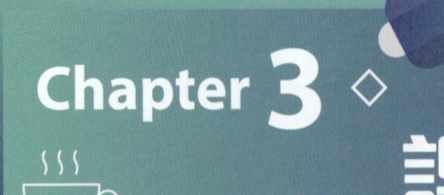

（　）1. 在程式設計介面設定二個條件都要符合時，要使用什麼積木？
　　(A)  與　　(B)  或
　　(C)  ＝　　(D)  ≠。

（　）2. 如下圖所示之程式碼，當按下「按鈕1」後，「標籤1」的顯示結果為下列哪一項？
　　(A) 丙甲乙　　(B) 甲乙丙 
　　(C) 丙乙甲　　(D) 乙甲丙。

（　）3. 如下圖所示之程式碼，當按下「按鈕1」後，「標籤1」的顯示結果為下列哪一項？ 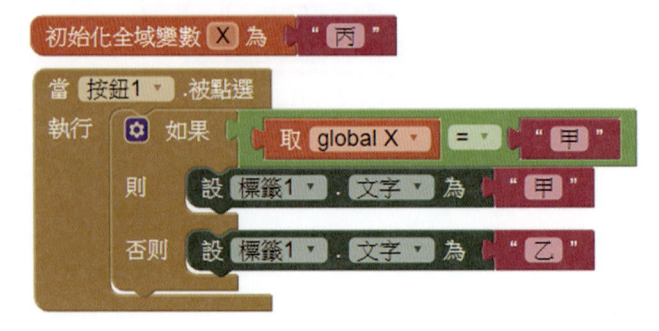
　　(A) 甲乙丙　　(B) 甲
　　(C) 丙　　(D) 乙。

（　）4. 如下圖所示之程式碼，當按下「按鈕1」後，「標籤1」的顯示結果為哪一項？

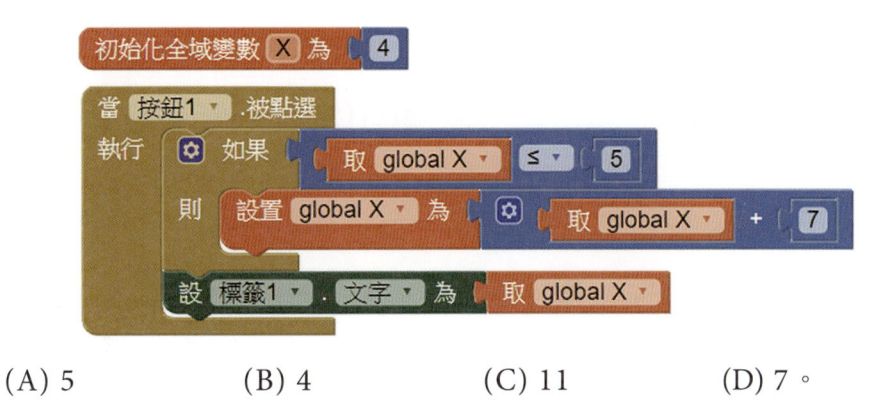

(A) 5　　　　(B) 4　　　　(C) 11　　　　(D) 7。

（　）5. 如下圖所示之程式碼，當按下「按鈕1」後，「標籤1」的顯示結果為哪一項？

(A) hello　　(B) 2　　　　(C) HELLO　　(D) 4。

（　）6. 如下圖所示之程式碼，當按下「按鈕1」後，「標籤1」的顯示結果為哪一項？

(A) 2　　　　(B) 10　　　　(C) 1　　　　(D) 11。

（　）7. 如右圖所示之程式碼，當按下「按鈕1」後，「標籤1」的顯示結果為哪一項？
(A) 25　　　　(B) 10
(C) 15　　　　(D) 5。

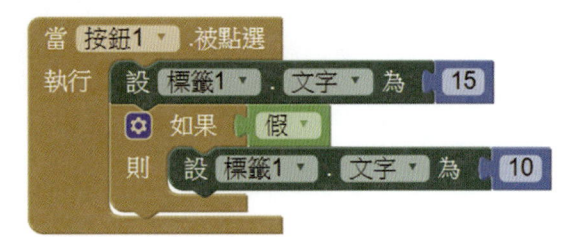

(　　) 8. 如右圖所示之程式積木屬於哪一種結構？
　　　　(A) 重複結構　　　　　　(B) 循序結構
　　　　(C) 選擇結構　　　　　　(D) 迴圈結構。

(　　) 9. 下列各項組件哪一項是非可視組件？
　　　　(A) 對話框組件　　　　　(B) 畫布組件
　　　　(C) 按鈕組件　　　　　　(D) 滑桿組件。

(　　) 10. 當「複選盒」組件被勾選時，會回傳哪一項資料型態？
　　　　(A) 邏輯　　　　　　　　(B) 文字
　　　　(C) 數字　　　　　　　　(D) 圖片。

(　　) 11. 若想讓使用者在畫面輸入資料，可以使用什麼組件？
　　　　(A) 網路瀏覽器組件　　　(B) 標籤組件
　　　　(C) 對話框組件　　　　　(D) 文字輸入盒組件。

(　　) 12. 使用密碼輸入盒組件時，輸入的文字不會在螢幕中顯示，而是以哪一個字元取代？
　　　　(A) &　　　　　　　　　(B) @
　　　　(C) *　　　　　　　　　(D) $。

(　　) 13. 下列的比較運算結果，哪一項的結果是 true？
　　　　(A) 文字比較 " abee " = " apple "
　　　　(B) 文字比較 " bee " = " apple "
　　　　(C) 文字比較 " bee " < " apple "
　　　　(D) 文字比較 " bee " > " apple "。

(　　) 14. 右列運算式的結果為何？　　　4 ^ 2
　　　　(A) 16　　　　(B) 8
　　　　(C) 6　　　　 (D) 2。

(　　) 15. 如右圖所示之程式碼，執行結果為下列哪一項？　　　3 × 4 + 5

(A) 27　　(B) 60　　(C) 17　　(D) 12。

(　　) 16. 如右圖所示之程式碼，執行結果為下列哪一項？　　　3 × 4 + 5

(A) 60　　(B) 17　　(C) 27　　(D) 12。

(　　) 17. 如下圖所示之程式碼，當按下「按鈕1」後，手機的對話框中央所顯示的訊息是下列哪一項？

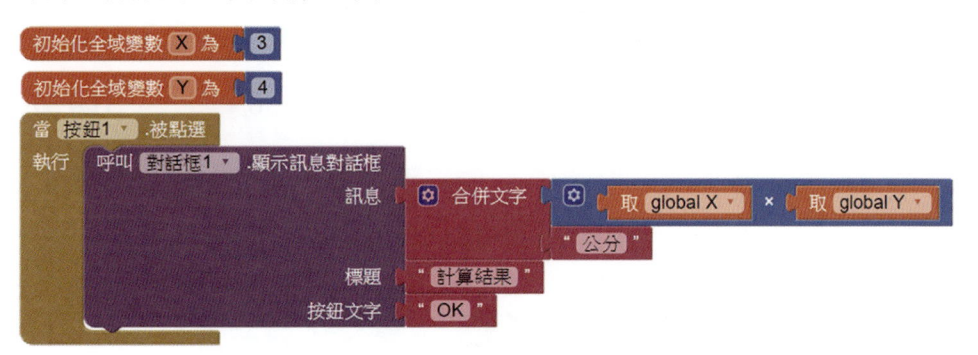

(A) 34 公分　　(B) 12 公分　　(C) 3 公分　　(D) 4 公分。

(　　) 18. 下圖所示之程式碼，當按下「按鈕1」後，「標籤1」的顯示結果為下列哪一項？

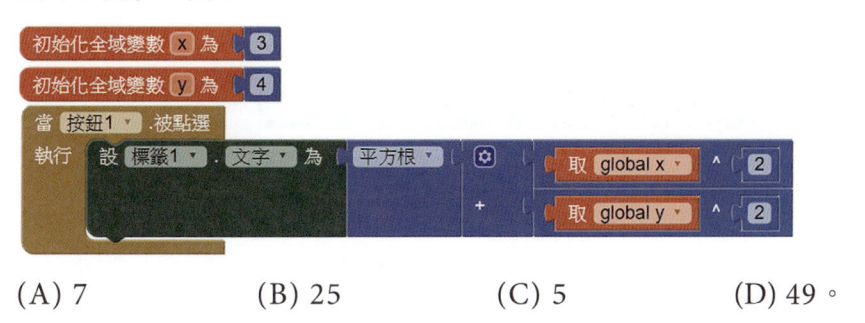

(A) 7　　(B) 25　　(C) 5　　(D) 49。

(　　) 19. 如下圖所示之程式碼，當按下「按鈕1」後，「標籤1」的顯示結果為下列哪一項？

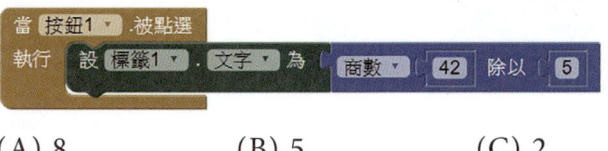

(A) 8　　(B) 5　　(C) 2　　(D) 8.4。

（　）20. 如下圖所示之程式碼，當按下「按鈕1」後，「標籤1」的顯示結果為下列哪一項？

設 標籤1.文字 為 進位後取整數 3.14159

(A) 3.1416　　(B) 3　　(C) 5　　(D) 4。

（　）21. 如下圖所示之程式碼，當按下「按鈕1」後，「標籤1」的顯示結果為下列哪一項？

設 標籤1.文字 為 平方根 16

(A) 4　　(B) 3　　(C) 256　　(D) 32。

（　）22. 如下圖所示之程式碼，當按下「按鈕1」後，「標籤1」的顯示結果為下列哪一項？

設 標籤1.文字 為 進位後取整數 3.52

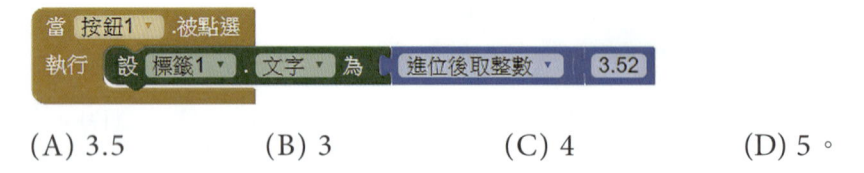

(A) 3.5　　(B) 3　　(C) 4　　(D) 5。

（　）23. 如下圖所示之程式碼，當按下「按鈕1」後，「標籤1」的顯示結果為下列哪一項？

設 標籤1.文字 為 絕對值 -4.35

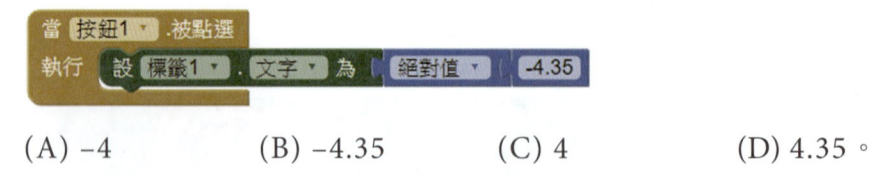

(A) –4　　(B) –4.35　　(C) 4　　(D) 4.35。

（　）24. 如下圖所示之程式碼，當按下「按鈕1」後，「標籤1」的顯示結果為哪一項？

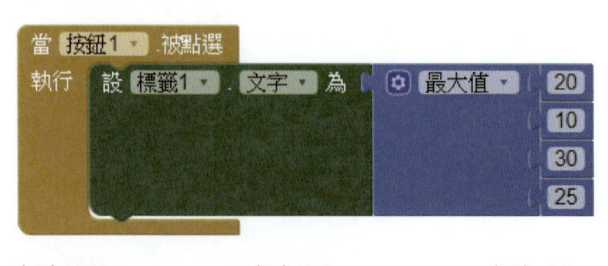

設 標籤1.文字 為 最大值 20 / 10 / 30 / 25

(A) 30　　(B) 10　　(C) 20　　(D) 25。

( ) 25. 如下圖所示之程式碼,當按下「按鈕1」後,「標籤1」的顯示結果為哪一項?

　　　　(A) 0.5　　　　(B) 1　　　　(C) 0.25　　　　(D) 30。

( ) 26. 如下圖所示之程式碼,當按下「按鈕1」後,「標籤1」的顯示結果為哪一項?

　　　　(A) 0.123　　(B) 0.1234　　(C) 0.12　　(D) 12.345。

( ) 27. 如下圖所示之程式碼,當按下「按鈕1」後,「標籤1」的顯示結果為哪一項?

　　　　(A) 3.142　　(B) 3.1416　　(C) 4　　(D) 3。

( ) 28. 下列哪一個變數名稱違反命名規則?
　　　　(A) 甲乙丙　　(B) ABC　　(C) 2020　　(D) _123。

( ) 29. 關於「對話框」組件「顯示選擇對話框」的特性描述,哪一項是正確的?
　　　　(A) 不可設定訊息,可以設定按鈕文字
　　　　(B) 可設定標題及訊息,也可以設定按鈕文字
　　　　(C) 不可以設定標題,只能設定訊息
　　　　(D) 可設定標題及訊息,不可以設定取消。

Chapter 4
動物單字卡

學習重點
學習外部素材上傳
學習圖像組件及標籤文字切換
學習按鈕圖片化，物件程式設計
學習音效播放、文字語音轉換器應用

4-1 專題說明

設計動物單字卡程式，使用者點選貓咪、小狗、大象及獅子的按鈕時，App 會顯示動物圖像並發出該動物的英文發音及聲音。

執行結果

按「貓咪」鈕	按「小狗」鈕	按「大象」鈕	按「獅子」鈕
動物單字卡 小貓 小狗 大象 獅子	動物單字卡 小貓 小狗 大象 獅子	動物單字卡 小貓 小狗 大象 獅子	動物單字卡 小貓 小狗 大象 獅子
cat	dog	elephant	lion

58

4-2 專案畫面編排

製作「動物單字卡」應用程式時，為了版面的規劃需求，要使用介面配置的「水平配置」及「垂直配置」組件來配合畫面編排。

工作面板	組件列表	素材檔案
動物單字卡畫面	Screen1 　標籤1 　水平配置1 　　小貓 　　小狗 　　大象 　　獅子 　垂直配置1 　　圖像1 　　英文字 　音效1 　文字語音轉換器1	btn.png cat.jpg cat.mp3 dog.jpg dog.mp3 elephant.jpg elephant.mp3 lion.jpg lion.mp3

一、新增專案及上傳素材

在設計專案時，要把本專案所需要使用的素材先上傳到雲端以方便取用。

Step 1 ▶ 按「新增專案」鈕，新增「animal」專案。

Step 2 ▶ 進入畫面編排畫面後，按「素材」區的「上傳文件」鈕，按「選擇檔案」鈕。

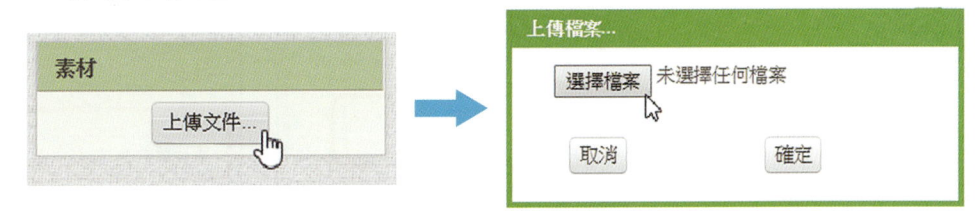

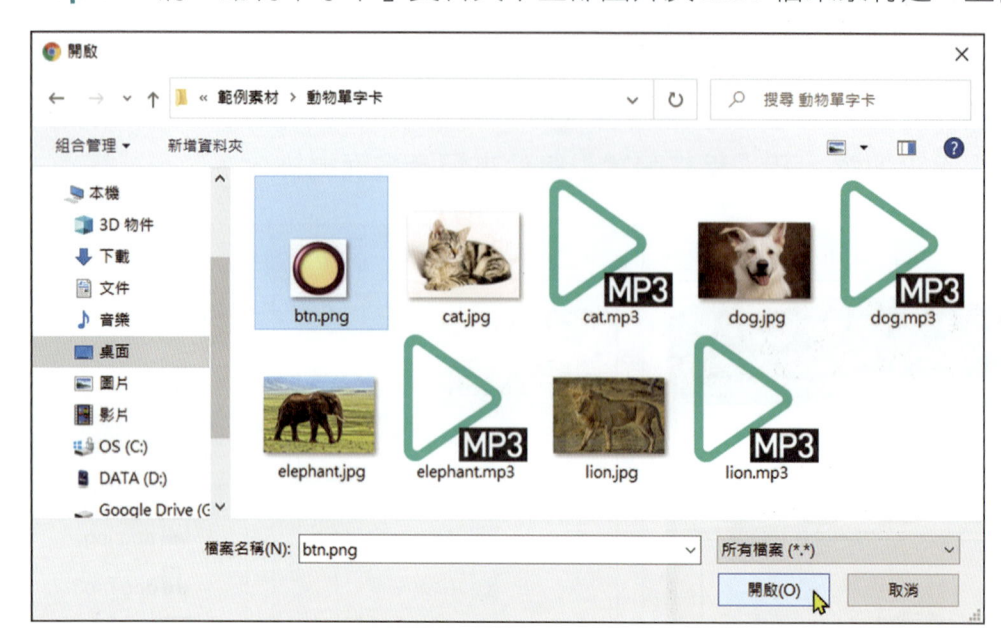

Step 3 ▶ 將「動物單字卡」資料夾中全部圖片及 MP3 檔案素材逐一上傳。

二、Screen 畫面屬性設定

點選「組件列表」區「Screen1」組件，設定組件屬性值為：

水平對齊	垂直對齊	App 名稱	螢幕方向	標題
置中	居上	動物單字卡	鎖定直式畫面	動物單字卡

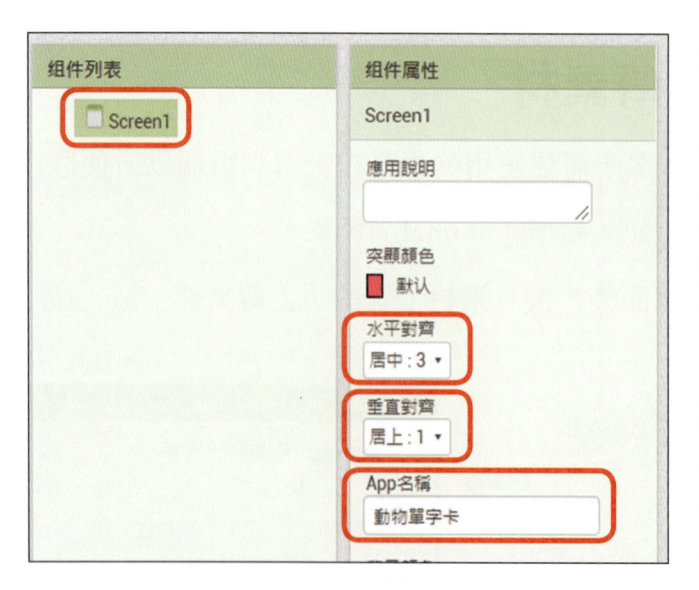

三、標題標籤、水平配置組件

Step 1 ▶ 拖曳「使用者介面／標籤」組件到「工作面板」，設定屬性值：

粗體	字體大小	文字	文字顏色
勾選	36	動物單字卡	藍色

Step 2 ▶ 拖曳「介面配置／水平配置」組件到「工作面板」，設定屬性值：

水平對齊	垂直對齊	寬度
居中	居中	填滿

四、小貓、小狗、大象及獅子按鈕組件

Step 1 ▶ 拖曳使用者介面「按鈕」組件到「水平配置1」內，在組件列表區按「重新命名」鈕，將「按鈕1」重新命名為「小貓」。

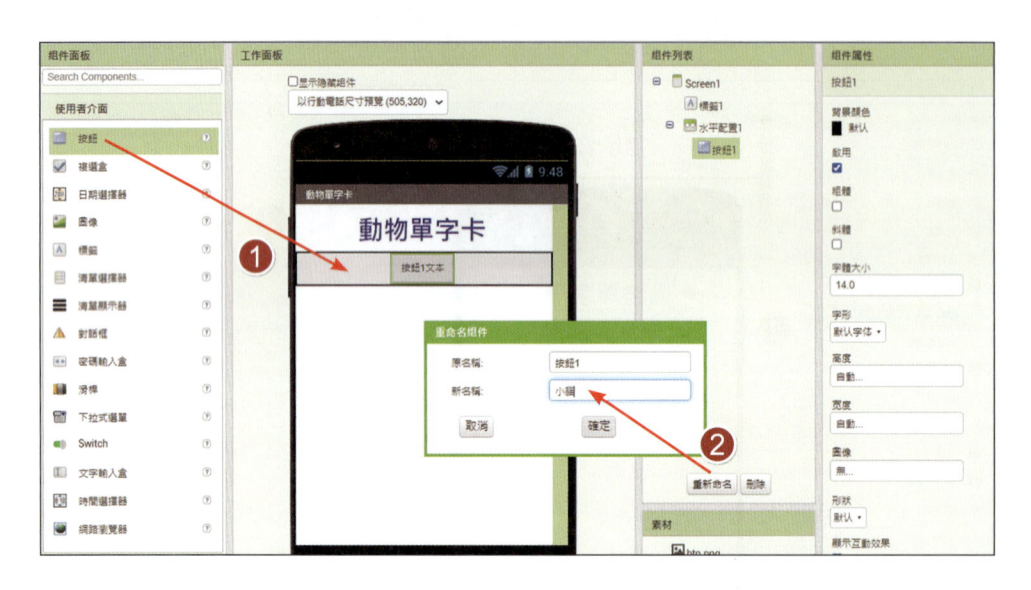

Step 2 ▶ 設定「小貓」組件屬性值：

字體大小	寬度	圖像	文字	文字顏色
18	70 像素	btn.png	小貓	藍色

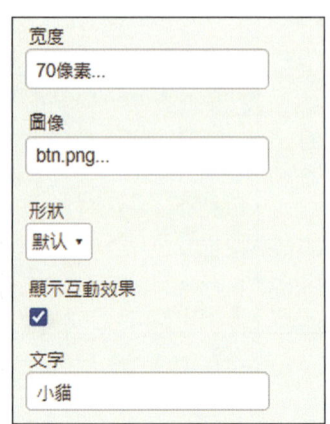

Step 3 ▶ 依上述方法加入「小狗」、「大象」、「獅子」3 個按鈕，屬性設定值和「小貓」按鈕相同。

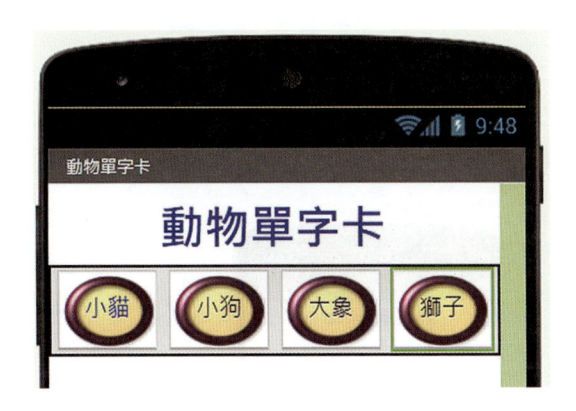

五、垂直配置組件、照片圖像組件

Step 1 ▶ 拖曳「介面配置／垂直配置」組件到工作面板，設定屬性值：

水平對齊	寬度
居中	95 比例

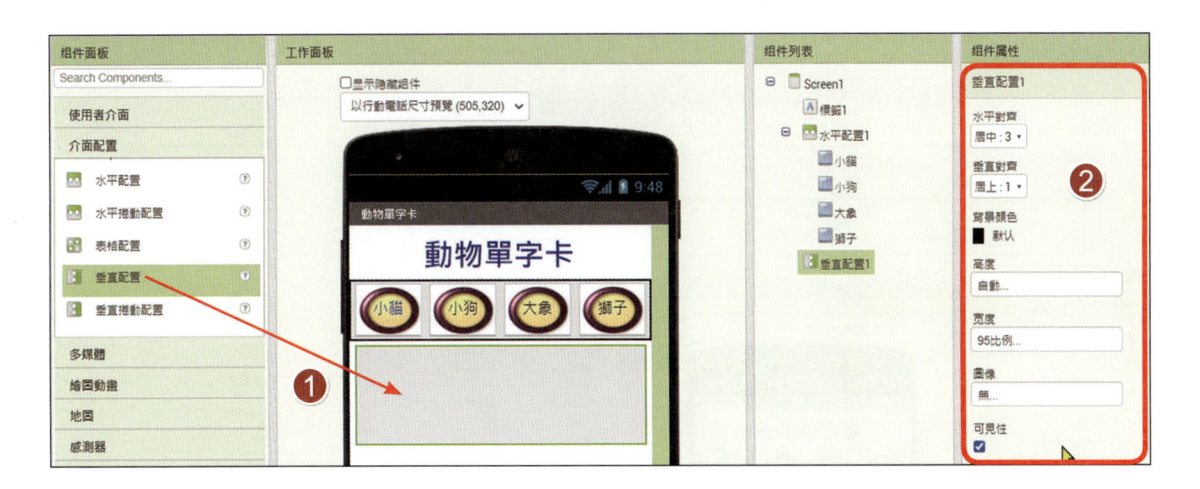

Step 2 ▶ 拖曳「使用者介面／圖像」組件到「垂直配置1」中,設定屬性值：

高度	寬度	圖片
250 像素	95 比例	cat.jpg

六、動物名稱標籤、動物聲音音效組件、英文發音文字語音轉換器組件

Step 1 ▶ 拖曳「使用者介面／標籤」組件到「垂直配置1」中,重新命名為「英文字」,並設定屬性值：

字體大小	文字
36	空白

Chapter 4 動物單字卡

Step 2 ▶ 拖曳「多媒體／音效」組件到「工作面板」處，它是非可視組件不會出現在畫面中，而是出現在下方 非可視元件 音效1 。

Step 3 ▶ 拖曳「多媒體／文字語音轉換器」組件到「工作面板」處，它也是非可視組件，設定屬性值：

國家	語言
USA	en

65

4-3 專案程式設計

標籤組件

標籤組件的用途是作為顯示文字，常用的屬性有：

屬性	說明
字體大小	設定顯示的文字大小，預設值為 14。
文字	設定標籤顯示的文字內容。
可見性	設定有沒有要在螢幕顯示標籤組件。

按鈕組件

按鈕組件是程式與使用者互動的主要組件，通常都將程式撰寫在「當按鈕‧被點擊」事件內，按鈕組件有幾個屬性是經常使用的。

屬性	說明
文字	設定按鈕顯示的文字。
圖像	設定按鈕以圖像顯示時的圖片。

圖像組件

圖像組件是用來顯示圖片，屬性除了高度及寬度外，常用的有：

屬性	說明
圖片	設定圖像組件要顯示的圖片。
放大／縮小圖片來適應尺寸	核選時，會自動調整填滿整個圖像組件。
可見性	設定有沒有要在螢幕顯示圖像組件。

音效組件

音效組件主要是用來播效較短的聲音檔或音效檔,如碰撞聲、射擊聲等,音效組件另外一個功能是可以使手機產生**震動**效果,時間單位為毫秒,如右圖可使手機震動 2 秒。

音效組件只有二個屬性:

屬性	說明
最小間隔	播放音效的最短時間,時間內無法重複播放。
來源	設定播放的聲音檔案。

文字語音轉換器組件

文字語音轉換器組件的功能是將指定的文字轉換成語音讀出,常用的屬性有國家、語言二種,分別是設定國家口音及語言,沒有設定時會預設以英語發音。

文字語音轉換器組件常用的國家口音及語言整理如下:

語言	代碼	國家
英語	en	AUS、BEL、CAN、GBR、IND、PHL、USA
中文	zh	TWN、CHN
法語	fr	BEL、CAN、CHE、FRA、LUX
德語	de	AUT、BEL、CHE、DEU、LUX

選擇語音為英語(en)時,國家屬性設定 USA 為美國口音、GBR 為英國口音。

知識補給站

如果使用 BlueStacks 模擬器時,預設的文字轉語音的引擎是「Pico TTS」,所以無法發出語音的。要先到 Google Play 安裝 Speech Services by Google,並設定「Speech Services by Google」為偏好引擎,文字語音轉換器組件才能正常運作。

運算思維與 App Inventor 2 程式設計

設計按下按鈕時會顯示的動物圖片、動物英文字、英文發音及動物叫聲。

一、按下小貓按鈕時顯示小貓圖片及小貓英文

Step 1 ▶ 按「程式設計」鈕進入程式設計模式。

Step 2 ▶ 點選「水平配置1／小貓」的「當 小貓.被點選 執行」模塊。

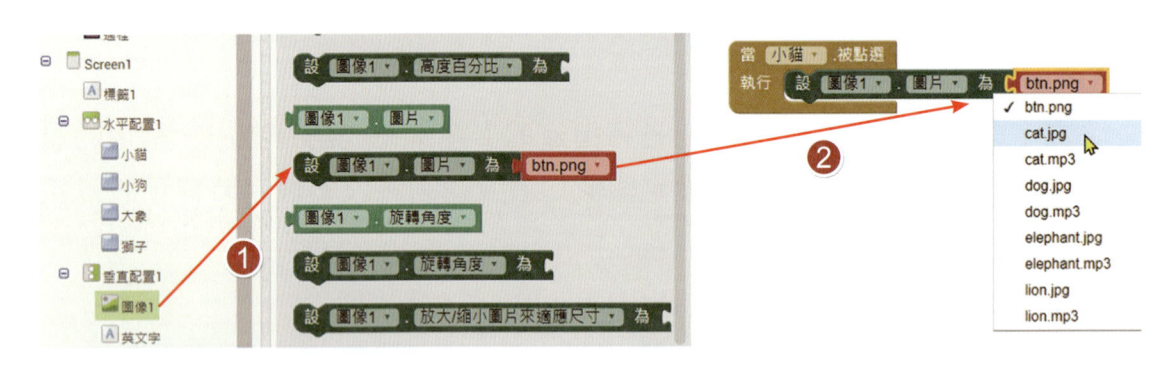

Step 3 ▶ 點選「垂直配置1／圖像」的「設 圖像1.圖片 為 btn.png」模塊，放入程式內。

Step 4 ▶ 點選「英文字」組件的「設 英文字.文字 為」模塊放入程式。

Step 5 ▶ 點選「內置塊／文字」的「" "」模塊，輸入文字「cat」。

68

二、按下小貓按鈕時唸單字英文

Step 1 ▶ 點選「文字語音轉換器 1」組件的「呼叫 文字語音轉換器1▼ .唸出文字 訊息」模塊，填入訊息文字「cat」。

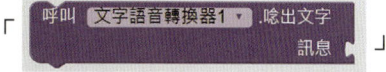

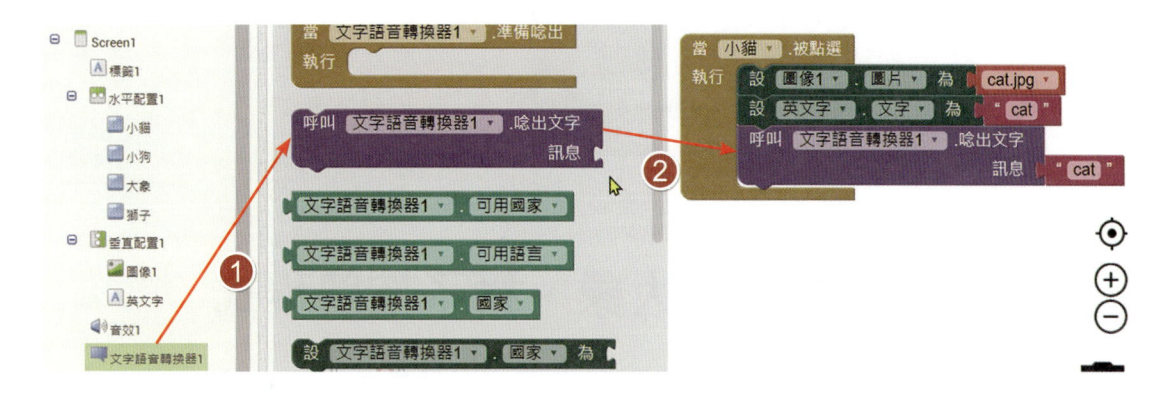

Step 2 ▶ 「文字語音轉換器 1」的訊息插入項中，填入小寫 cat 才會唸出單字，若是填入 CAT，則會逐一唸出字母。

三、使用音效發出動物叫聲

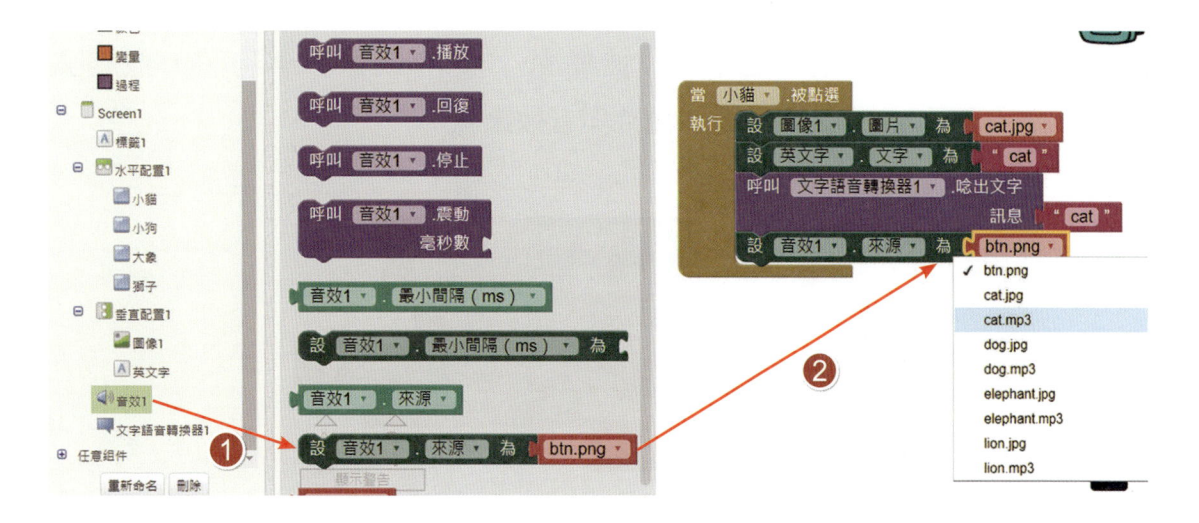

Step 1 ▶ 點選「音效 1」組件的「設 音效1▼ .來源▼ 為 btn.png▼ 」模塊，選擇「cat.mp3」。

Step 2 ▶ 點選「音效 1」組件的「呼叫 音效1▼ .播放」模塊，放入程式。

四、複製建立小狗、大象、獅子按鈕程式

Step 1 ▶ 在「當小貓.被點選」模塊處按滑鼠右鍵，選擇「複製程式方塊」。

Step 2 ▶ 在複製的「當小貓.被點選」模塊改選「小狗」，並輸入「dog」文字及選擇圖片與音效來源。

動物單字卡

Step 3 ▶ 依上述方法完成大象、獅子按鈕程式。

```
當 大象.被點選
執行 設 圖像1.圖片 為 elephant.jpg
     設 英文字.文字 為 "elephant"
     呼叫 文字語音轉換器1.唸出文字
                        訊息 "elephant"
     設 音效1.來源 為 elephant.mp3
     呼叫 音效1.播放

當 獅子.被點選
執行 設 圖像1.圖片 為 lion.jpg
     設 英文字.文字 為 "lion"
     呼叫 文字語音轉換器1.唸出文字
                        訊息 "lion"
     設 音效1.來源 為 lion.mp3
     呼叫 音效1.播放
```

Chapter 4 課後習題

( ) 1. 當拖曳「音效」組件到工作面板畫面時會顯示在哪一個位置？
(A) 非可視組件　　　　　　　(B) 工作面板
(C) 水平配置　　　　　　　　(D) 素材。

( ) 2. 在程式設計介面中，要播放音效必須要設定下列哪一項組件屬性？
(A) 圖片　　　　　　　　　　(B) 文字
(C) 來源　　　　　　　　　　(D) 最小間隔。

( ) 3. 在畫面中要排列 4 欄 5 列的組件，最好使用何種介面配置？
(A) 水平配置　　　　　　　　(B) 水平捲動配置
(C) 垂直配置　　　　　　　　(D) 表格配置。

( ) 4. 下列哪一個組件使用時，需要網路連線？
(A) 語音辨識組件　　　　　　(B) 錄音機組件
(C) 標籤組件　　　　　　　　(D) 按鈕組件。

( ) 5. 有些動作要在 App 啟動時就執行，要設定在什麼積木中？
(A) 當 Screen1.初始化　　　　(B) 當 Screen1.發生錯誤
(C) 當 Screen1.關閉螢幕　　　(D) 當 Screen1.開啟螢幕。

( ) 6. 要在螢幕的畫面上顯示照片可以使用哪種組件？
(A) 滑桿　　(B) 圖像　　(C) 按鈕　　(D) 標籤。

( ) 7. 在程式設計介面中要切換圖片必須指定？
(A) 圖檔大小　(B) 圖檔檔名　(C) 圖檔出處　(D) 圖檔位置。

( ) 8. 在畫面編排介面中，上傳的圖片會先放置顯示在哪一區域？
(A) 組件清單　(B) 組件屬性　(C) 素材　(D) 工作面板。

(　　) 9. 要讓 A 指令在程式啟動時就執行，可將 A 指令放在哪一個事件當中？

(A) 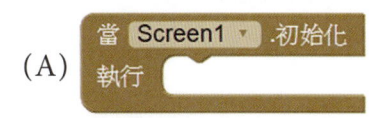 當 Screen1.初始化 執行
(B)  當 Screen1.按下返回 執行
(C)  當 按鈕1.被點選 執行
(D) 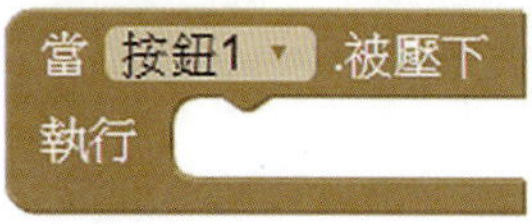 當 按鈕1.被壓下 執行。

(　　) 10. 下列哪一個事件進入程式時會自動執行，並不需要使用者手動操作？

(A)  當 Screen1.初始化 執行
(B)  當 Screen1.按下返回 執行
(C) 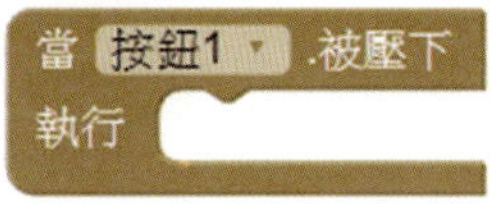 當 按鈕1.被壓下 執行
(D) 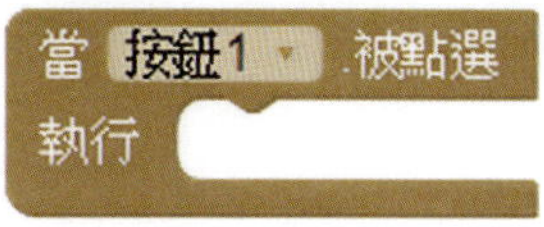 當 按鈕1.被點選 執行。

(　　) 11. 如下圖所示之程式碼，當按下「按鈕1」後，「標籤1」的顯示結果為下列哪一項？

當 按鈕1.被點選 執行 設 標籤1.文字 為 檢查文字 "http://tw.yahoo.com/" 中是否包含字串 "www"

(A) false　　　　　　　　　　(B) true
(C) www　　　　　　　　　　(D) http://tw.yahoo.com/。

(　　) 12. 如下圖所示之程式碼，當按下「按鈕1」後，「標籤1」的顯示結果為下列哪一項？

當 按鈕1.被點選 執行 設 標籤1.文字 為 將文字 "abcabcabc" 中所有 "ab" 全部取代為 "w"

(A) cwcwcw　　　　　　　　(B) abcabcabc
(C) wcwcwc　　　　　　　　(D) wabcwabcwabc。

運算思維與 App Inventor 2 程式設計

Chapter 5
井字三角形

學習重點 ▶ 學習單層迴圈使用
　　　　　　 學習巢狀迴圈應用
　　　　　　 學習「\n」斷行文字使用

5-1 專案說明

以這個例子來練習迴圈的練習，按「三角形」按鈕就會以「#」在顯示區顯示正立三角形的圖案。

執行結果

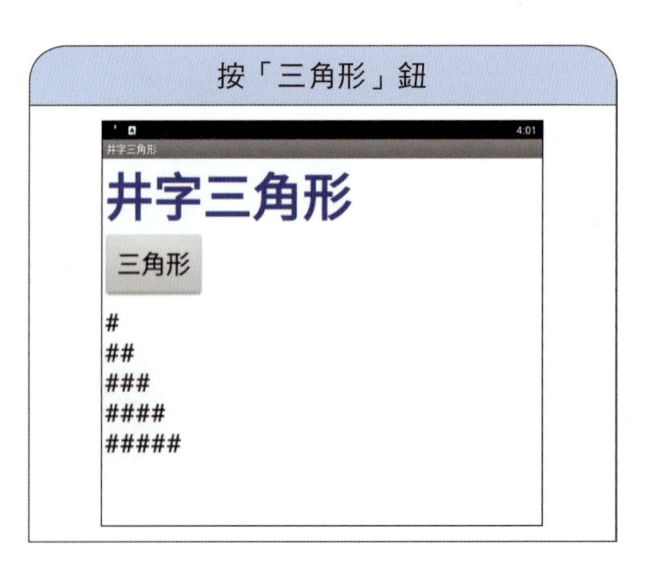

按「三角形」鈕

井字三角形

三角形

\#
\#\#
\#\#\#
\#\#\#\#
\#\#\#\#\#

74

5-2 專案畫面說明

製作「井字三角形」應用程式時，使用「三角形」按鈕來配合將結果顯示在「標籤2.文字」。

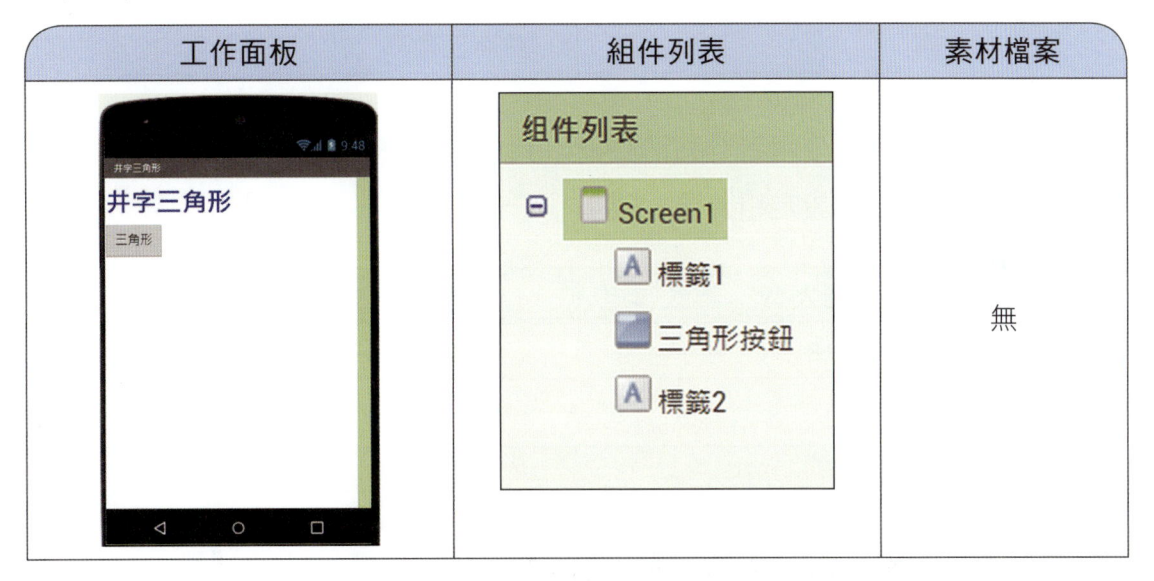

工作面板	組件列表	素材檔案
(井字三角形畫面，含「三角形」按鈕)	組件列表 Screen1 　標籤1 　三角形按鈕 　標籤2	無

一、新增專案及 Screen1 螢幕設定

Step 1 ▶ 新增「triangle」專案。

Step 2 ▶ 點選「組件列表」區「Screen1」組件，設定組件屬性：

App 名稱	螢幕方向	標題
井字三角形	鎖定直式畫面	井字三角形

二、標題標籤及三角形按鈕、顯示標籤

Step 1 ▶ 點選「使用者介面／標籤」到工作面板，設定屬性值：

粗體	字體大小	文字	文字顏色
勾選	36	井字三角形	藍色

Step 2 ▶ 點選「使用者介面／按鈕」到工作面板，重新命名為「三角形按鈕」，設定組件屬性值：

字體大小	文字
18	三角形

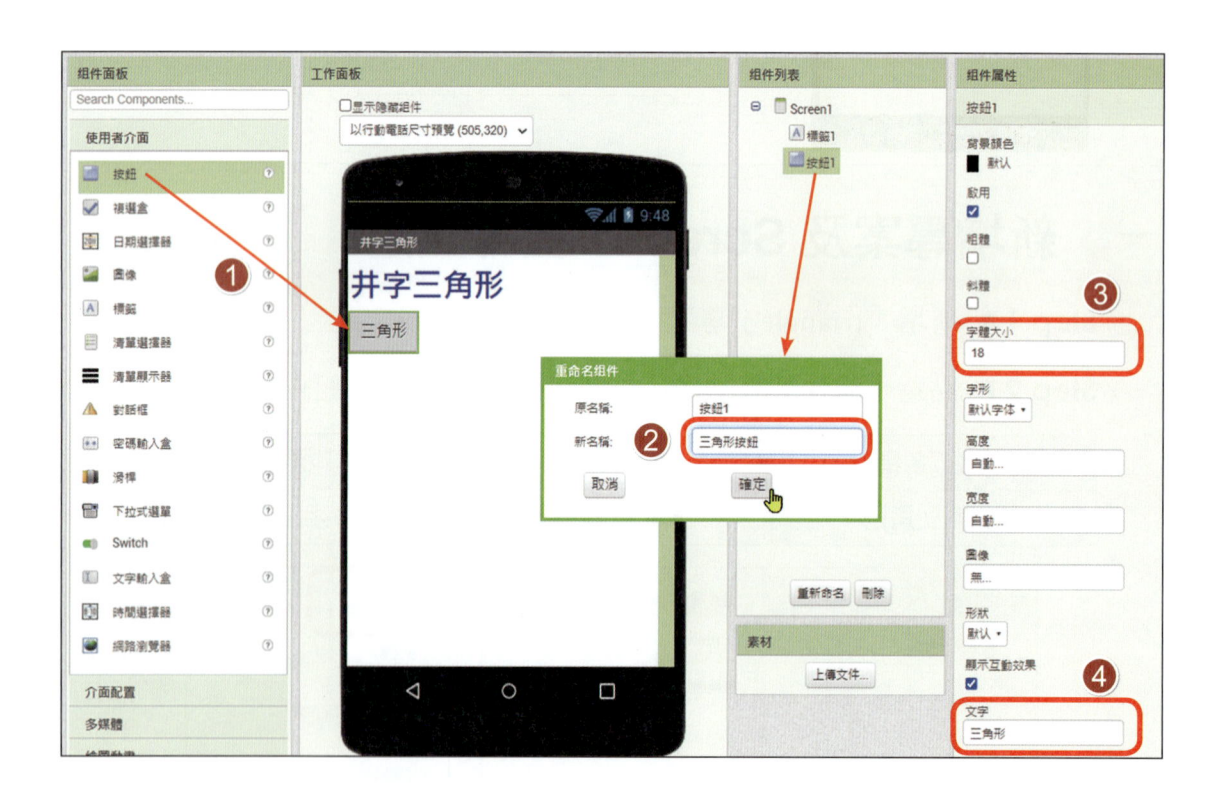

Chapter 5 井字三角形

Step 3 ▶ 點選「使用者介面／標籤」到工作面板,設定組件屬性:

字體大小	文字
18	空白

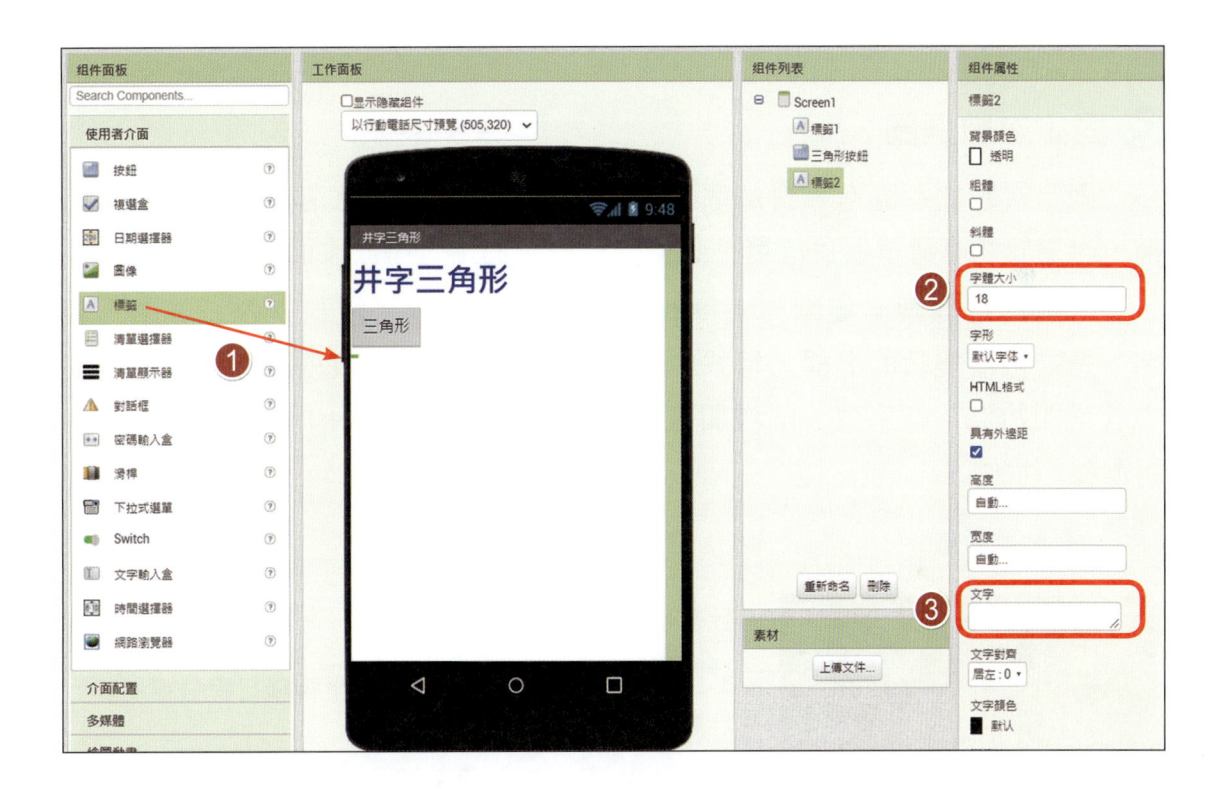

5-3 專案程式設計

重複執行指定工作是電腦最好用的功能，可以減輕許多工作的負擔，程式中用來處理重複工作的功能，常稱為「迴圈」，常使用的有固定次數及不固定次數二種。

固定次數迴圈

固定次數的迴圈有「對每個數字範圍」及「對於任意清單項目清單」二種，「對於任意清單項目清單」必須搭配清單使用，將於後面單元再介紹。

「對每個數字範圍」迴圈模塊位於「內置塊／控制」內，其中「數字」是計數器變數的名稱，程式中可以利用這個變數來取得計數器數值，其中若是開始值＞結束值，則增加值必須為負值。以下為由 1 加到 5 求總和使用迴圈的示例。

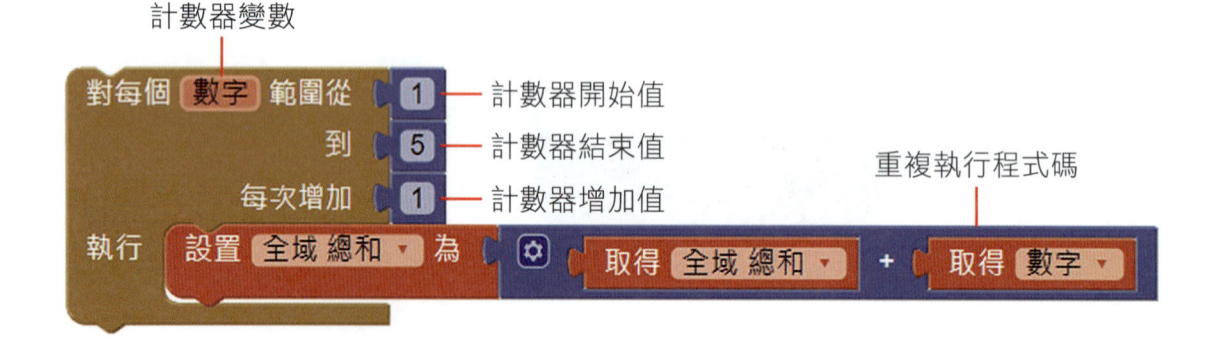

迴圈中包含迴圈就稱為「巢狀迴圈」，可以在短短的程式碼中，執行相當大量的工作，例如九九乘法。

不固定次數迴圈

滿足條件迴圈是不固定次數迴圈，只要檢查條件成立（真）時，就會執行指定程式，若是不成立（假），就離開迴圈。若是檢查條件沒有改變而恆為真時，就會變成無窮迴圈，而導致無法繼續後方的程式。

井字三角形

以下為求「2＋4＋6＋8＋10」的總和，若是「數字」變數≤10成立時，則重複執行，若不成立時，則離開迴圈。其中的執行次數不固定，完全依判斷條件為準。

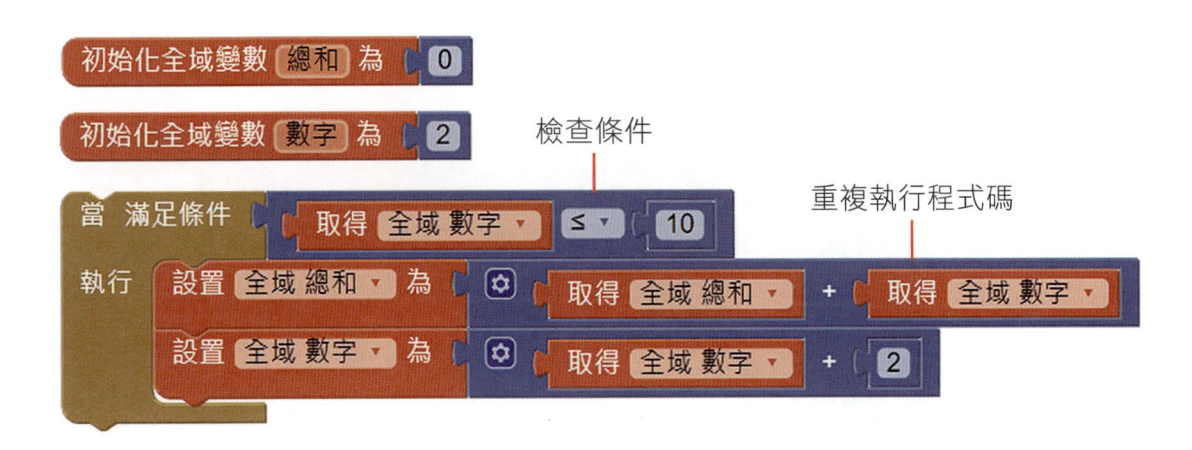

```
初始化全域變數 總和 為 0
初始化全域變數 數字 為 2                  檢查條件

                                      重複執行程式碼
當 滿足條件  取得 全域 數字 ≤ 10
執行 設置 全域 總和 為  取得 全域 總和 ＋ 取得 全域 數字
     設置 全域 數字 為  取得 全域 數字 ＋ 2
```

本專案要使用重複迴圈來處理「#」字呈現三角形效果。

一、單層迴圈顯示「#」

Step 1 ▶ 按「程式設計」鈕進入程式設計介面。

Step 2 ▶ 點選「三角形按鈕」的「當 三角形按鈕 被點選 執行」模塊。

Step 3 ▶ 加入「標籤2」的「設 標籤2 . 文字 為」為「空白」。

Step 4 ▶ 點選「內置塊／控制」的「對每個 數字 範圍從 1 到 5 每次增加 1 執行」模塊，將變數「數字」重新命名為「內層」。

Step 5 ▶ 加入【設標籤 2. 文字為】、【合併文字「標籤 2. 文字」+「#」】。

二、巢狀迴圈應用

Step 1 ▶ 點選「內置塊／控制」的「　　　　　」模塊，將變數「數字」重新命名為「外層」。

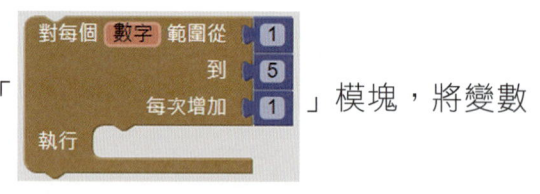

Step 2 ▶ 將「內層迴圈」放入「外層迴圈」內。

Step 3 ▶ 點選「取外層」變數值，置換內層的「到」數值。

Step 4 ▶ 加入【設標籤2.文字為】、【合併文字「標籤2.文字」+文字「\n」】。

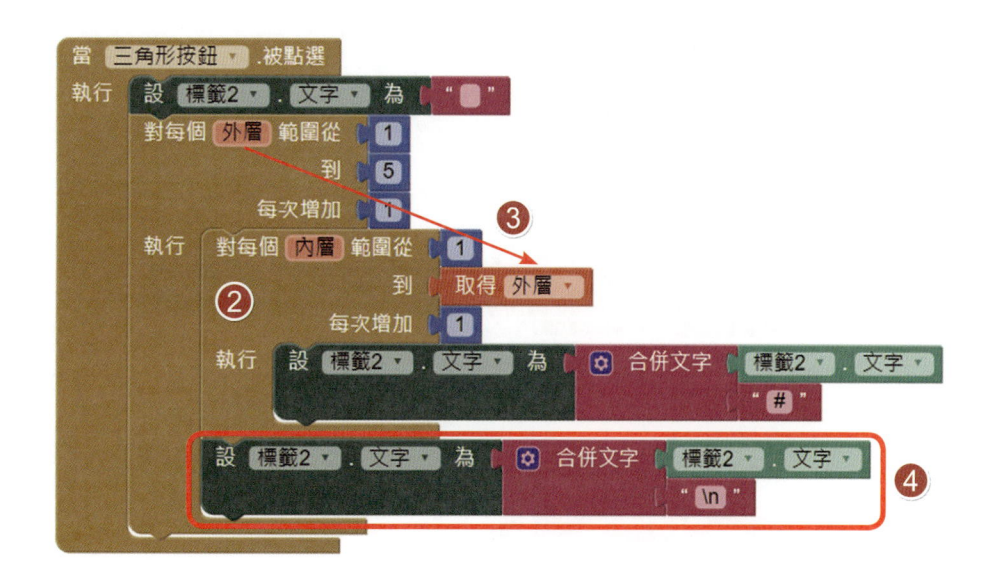

Chapter 5 課後習題

(　　) 1. 如下圖所示之程式碼,迴圈指令執行完畢後,X 的值為下列哪一項?

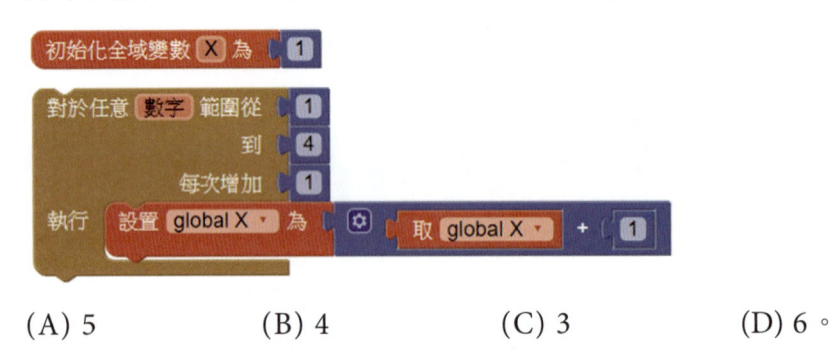

(A) 5　　　　(B) 4　　　　(C) 3　　　　(D) 6。

(　　) 2. 如下圖所示之程式碼,迴圈指令執行完畢後,X 的值為下列哪一項?

(A) 4　　　　(B) 6　　　　(C) 3　　　　(D) 5。

(　　) 3. 如下圖所示之程式碼,當按下「按鈕 1」後,「標籤 1」的顯示結果為哪一項?

(A) 1　　　　(B) 0　　　　(C) 10　　　　(D) 5。

（　）4. 如下圖所示之程式積木屬於哪一種結構？

(A) 重複結構　　(B) 選擇結構　　(C) 循序結構　　(D) 判斷結構。

（　）5. 如下圖所示之程式碼，當按下「按鈕1」後，「標籤1」的顯示結果為由＃字元所組成的何種形狀？

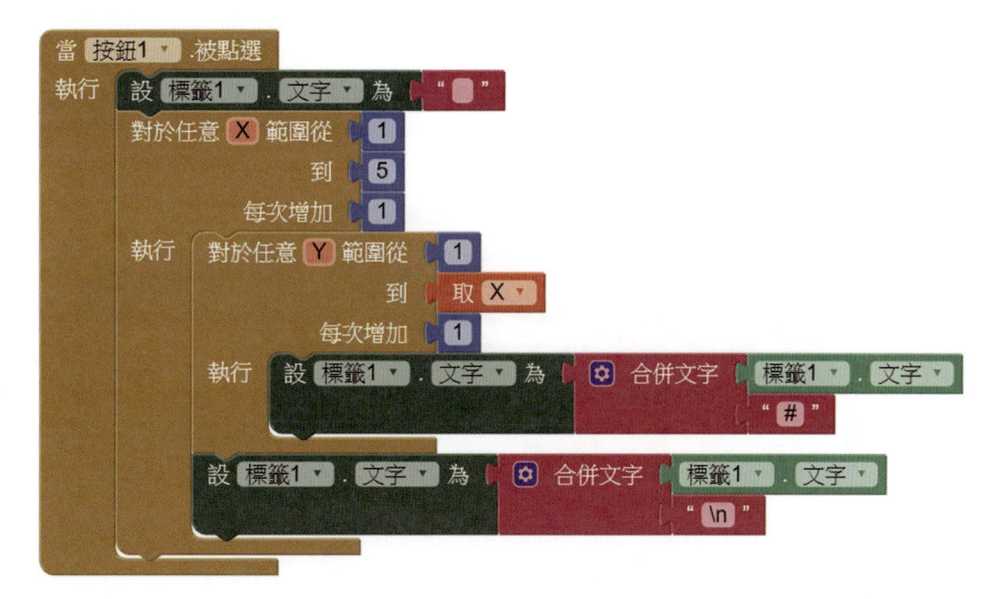

(A) 三角形　　(B) 四方形　　(C) 菱形　　(D) 圓形。

（　）6. 如下圖所示之程式碼，迴圈將執行多少次？

(A) 3　　　　(B) 1　　　　(C) 12　　　(D) 4。

(　　) 7. 如下圖所示之程式碼，當按下「按鈕1」後，迴圈會執行多少次？

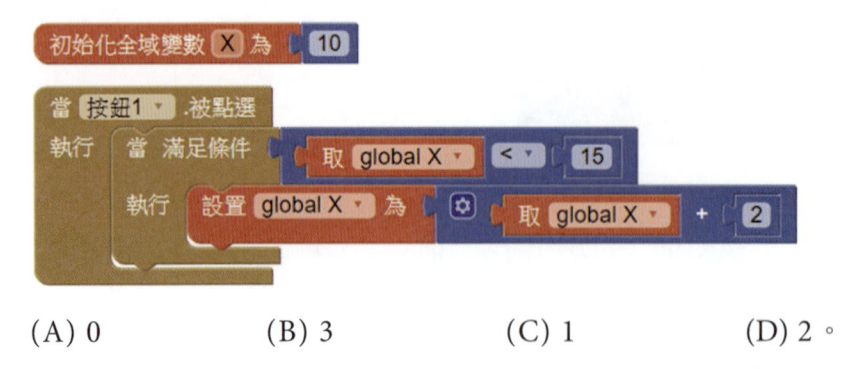

(A) 0　　　　(B) 3　　　　(C) 1　　　　(D) 2。

(　　) 8. 如下圖所示之程式碼，當按下「按鈕1」後，「標籤1」的顯示結果為哪一項？

(A) 3　　　　(B) 5　　　　(C) 7　　　　(D) 1。

(　　) 9. 執行以下程式，請問得到結果為何？

(A) 7　　　　(B) 5　　　　(C) 6　　　　(D) 4。

( ) 10. 按下按鈕 1 時，標籤 1.文字會顯示何種結果？

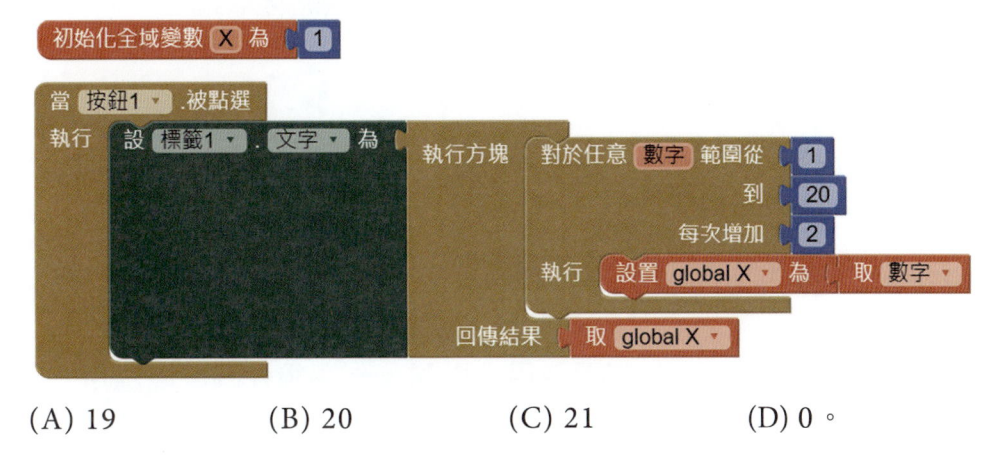

(A) 19　　　(B) 20　　　(C) 21　　　(D) 0。

( ) 11. 如下圖所示之程式碼，其執行結果為下列哪一項？

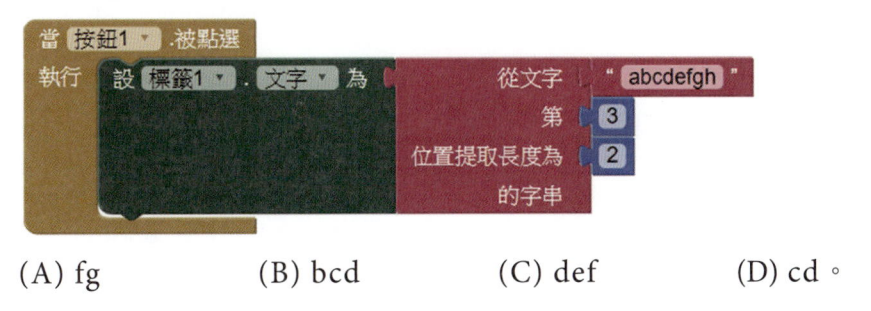

(A) fg　　　(B) bcd　　　(C) def　　　(D) cd。

( ) 12. 如下圖所示之程式碼，當按下「按鈕 1」後，「標籤 1」的顯示結果為哪一項？

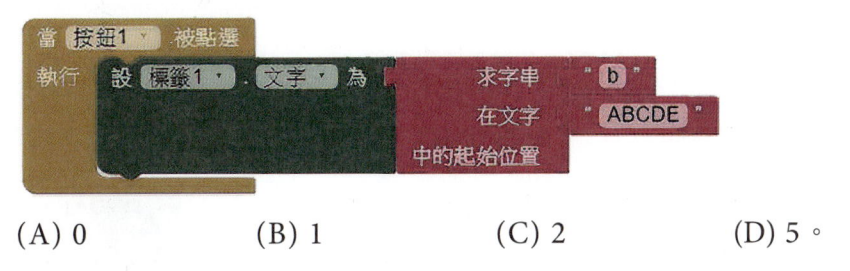

(A) 0　　　(B) 1　　　(C) 2　　　(D) 5。

( ) 13. 如下圖所示之程式碼，當按下「按鈕 1」後，「標籤 1」的顯示結果為哪一項？

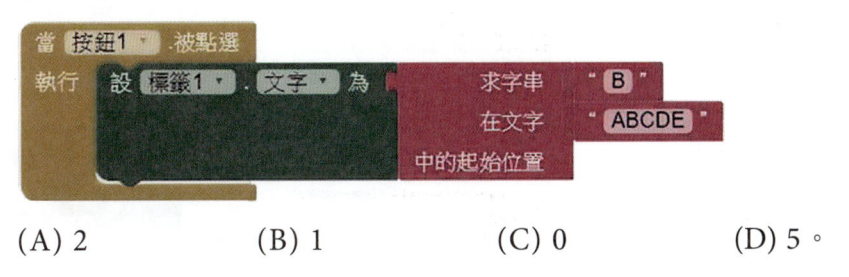

(A) 2　　　(B) 1　　　(C) 0　　　(D) 5。

Chapter 6 ◇ 空氣品質監測

學習重點
- 學習網路瀏覽器組件應用
- 學習建立多個畫面及畫面之間的切換
- 學習使用介面配置作為組件的間隔應用
- 學習 Activity 啟動器呼叫外部 App 程式

6-1 專案說明

網路的資源相當的豐富，並不需要每種功能都自己設計，只要直接引用網路的資源，就能資料顯示在行動裝置上，本範例建議使用實體手機或是模擬器練習，並預先安裝 Youtube 軟體。

執行結果

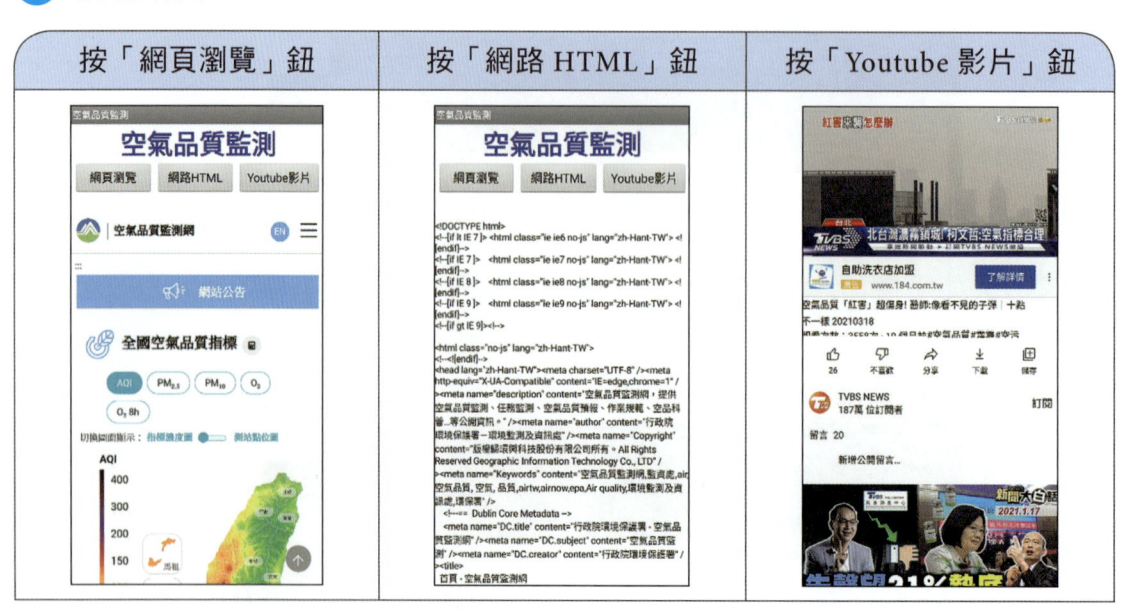

按「網頁瀏覽」鈕	按「網路 HTML」鈕	按「Youtube 影片」鈕

6-2 專案畫面設計

製作「空氣監測」應用程式時，使用介面配置的「垂直配置」來安排各按鈕的間距。

📝 主畫面配置表

工作面板	組件列表	素材檔案
(手機畫面：空氣品質監測，含網頁瀏覽、網路HTML、Y…按鈕及地球圖示)	Screen1 　標籤1 　水平配置1 　　網頁瀏覽 　　垂直配置1 　　網路HTML 　　垂直配置2 　　Youtube影片 　標籤2 　網路瀏覽器1 　網路1 　Activity啟動器1	無

一、Screen1 螢幕屬性及標題標籤

Step 1 ▶ 新增「airtw」專案。

Step 2 ▶ 點選「組件列表」區「Screen1」組件，設定屬性值：

水平對齊	App 名稱	螢幕方向	標題
居中	空氣品質監測	鎖定直式畫面	空氣品質監測

運算思維與 App Inventor 2 程式設計

Step 3 ▶ 拖曳「使用者介面／標籤」組件到「工作面板」區，設定屬性值：

粗體	字體大小	文字	文字顏色
勾選	40	空氣品質監測	藍色

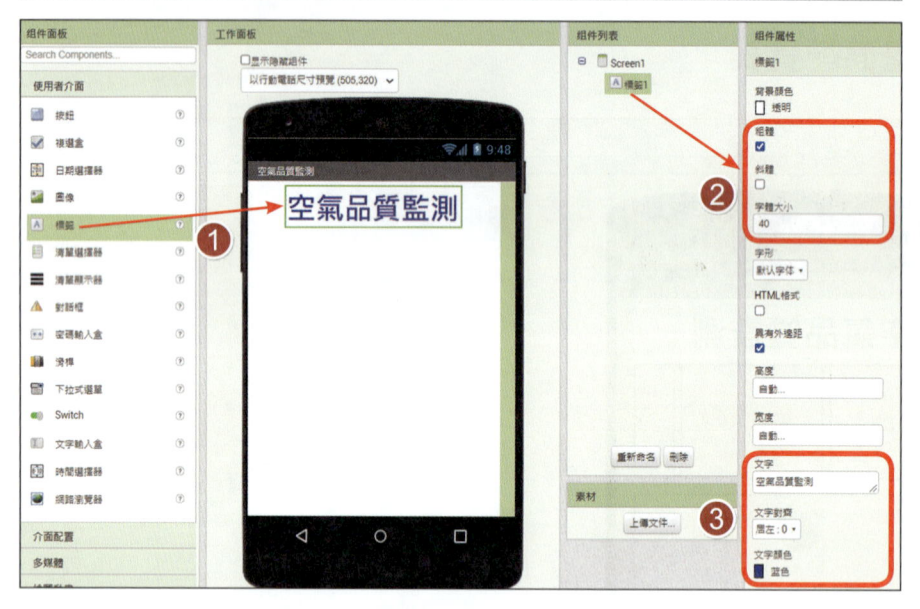

二、按鈕組件及按鈕間隔

Step 1 ▶ 拖曳「介面配置／水平配置」組件到「工作面板」區，設定屬性值：

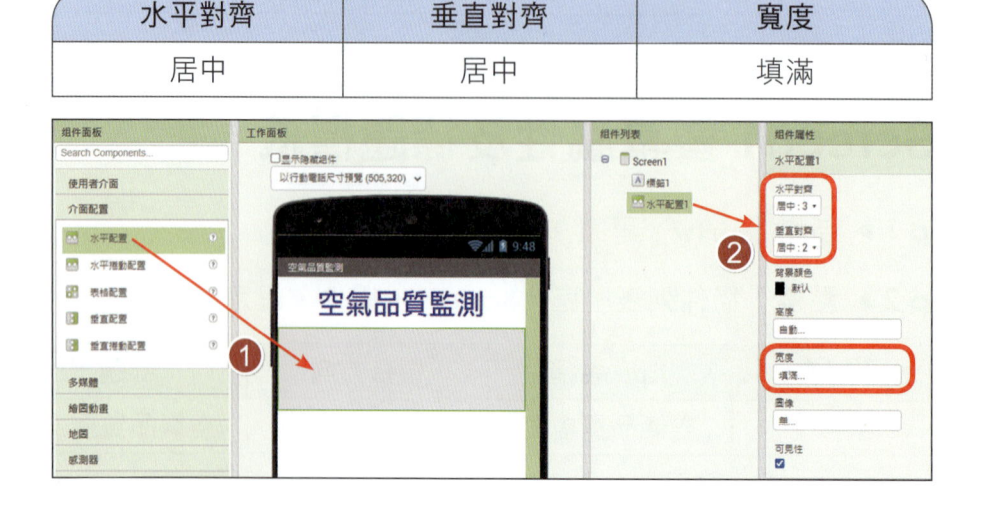

水平對齊	垂直對齊	寬度
居中	居中	填滿

Step 2 ▶ 拖曳 3 次「使用者介面／按鈕」組件到「水平配置 1」內，設定屬性值：

重新命名	字體大小	寬度	文字
網頁瀏覽	18	120 像素	網頁瀏覽
網路 HTML	18	120 像素	網路 HTML
Youtube 影片	18	130 像素	Youtube 影片

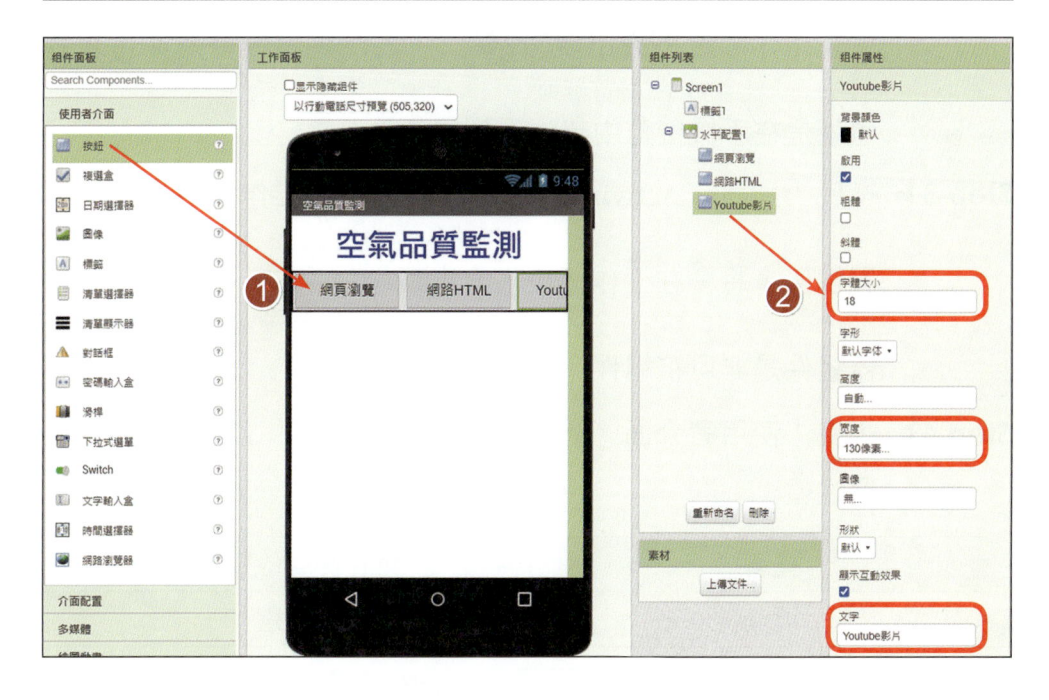

Step 3 ▶ 拖曳 2 次「介面配置／垂直配置」組件放置到到二個按鈕中間，設定屬性值「寬度：5 像素」。

89

三、標籤組件、網路組件、Activity 啟動器組件、網路瀏覽器組件

Step 1 ▶ 拖曳「使用者介面／標籤」組件到「工作面板」區，設定屬性值「文字：空白」。

Step 2 ▶ 拖曳「通訊／網路」組件到「工作面板」區，不設定屬性值，將會在工作面板下方出現 ，表示網路組件是非可視組件，也就是在手機螢幕中無法看到的組件。

Step 3 ▶ 拖曳「通訊／Activity 啟動器」組件到「工作面板」區，不設定屬性值，將會在工作面板下方出現 ，表示 Activity 啟動器組件是非可視組件。

Step 4 ▶ 拖曳「使用者介面／網路瀏覽器」組件到「工作面板」區，設定屬性值：

寬度	允許使用位置訊息
填滿	勾選

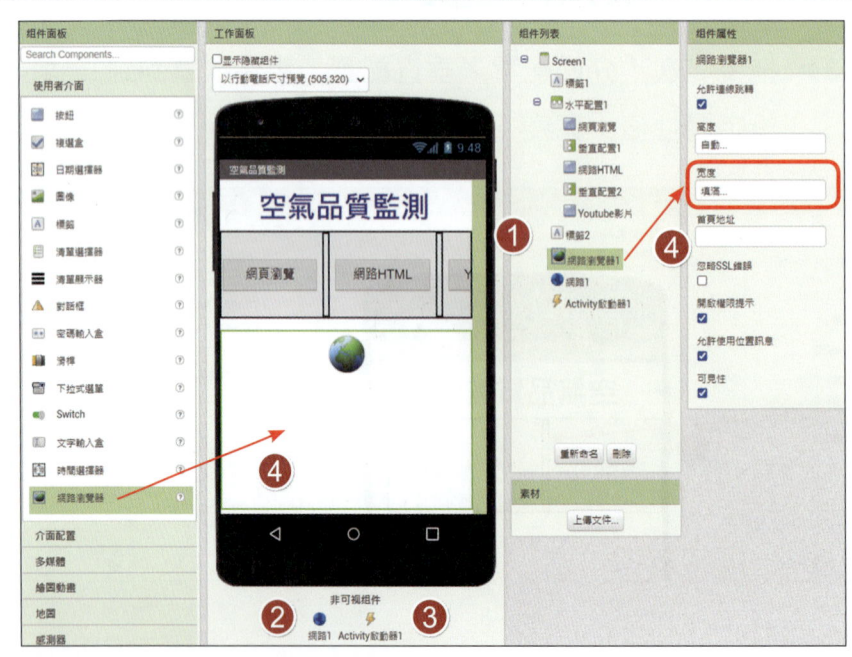

6-3 專案程式設計

在這兒我們要直接引用網路上的空氣品質監測網頁資料以及 Youtube 影片「空氣品質『紅害』超傷身」（TVBS 新聞）。

- 環保署空氣品質監測網：https：//airtw.epa.gov.tw/
- 紅害超傷身影片網址：「https://www.youtube.com/watch?v=z-f3Us3sP5M」

網路瀏覽器組件

網路瀏覽器組件就好像在螢幕中嵌入一個小型的瀏覽器，可以顯示指定網頁的的內容、文字、Google 地圖等。常用的屬性有：

屬性	說明
首頁地址	要在網路瀏覽器組件中看的網頁網址。
允許連線跳轉	設定可否用前進、後退的方式來觀看瀏覽器網頁內容，需搭配「回到上一頁」、「回到下一頁」這 2 個方法來處理。

Activity 啟動器組件

Activity 啟動器組件可以用來呼叫其他應用程式，是屬於背景執行的組件，其主要屬性有：

屬性	說明
動作	要執行的動作名稱： • android.intent.action.VIEW：開啟指定網頁。 • android.intent.action.WEB_SEARCH：在網址搜尋指定資料。
資料 URI	傳送給呼叫執行程式的網址。

如下例，Activity 啟動器組件配合使用「啟動 Activity」方法，可以呼叫外部瀏覽器開啟 Yahoo 網站。

一、「網頁瀏覽」按鈕程式

Step 1 ▶ 點選「程式設計」鈕進入程式設計介面。

Step 2 ▶ 點選「網頁瀏覽」組件的「當 網頁瀏覽.被點選 執行」模塊。

Step 3 ▶ 放入「標籤 2」組件的「設 標籤2.文字 為」為「空白」文字。

Step 4 ▶ 放入「網頁瀏覽器 1」組件的「設 網路瀏覽器1.首頁地址 為」為「https://airtw.epa.gov.tw/」。

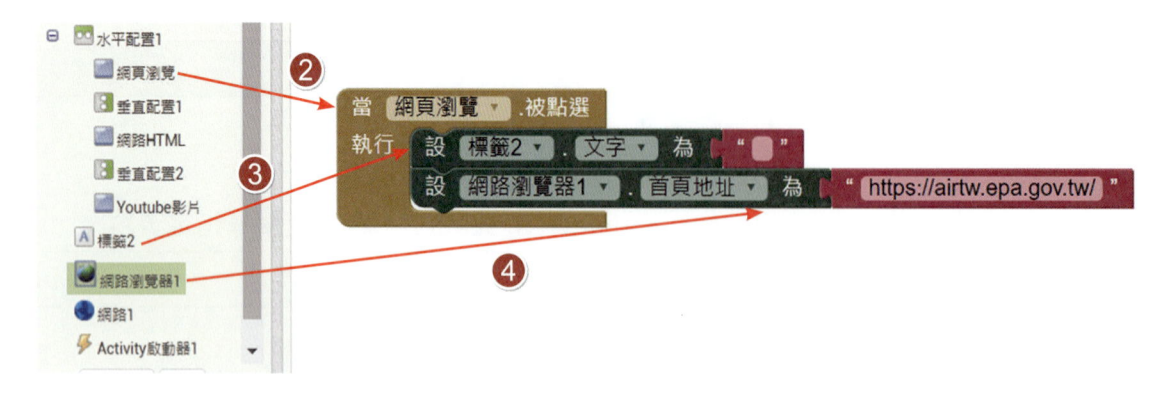

二、「網路 HTML」按鈕程式

Step 1 ▶ 點選「網路 HTML」組件的「當 網路HTML .被點選 執行」模塊。

Step 2 ▶ 放入「網頁瀏覽器 1」組件的「設 網路瀏覽器1 . 首頁地址 為」為「空白」文字。

Step 3 ▶ 放入「網路 1」組件的「設 網路1 . 網址 為」為「https://airtw.epa.gov.tw/」文字，放入「網路 1」組件的「呼叫 網路1 .執行GET請求」。

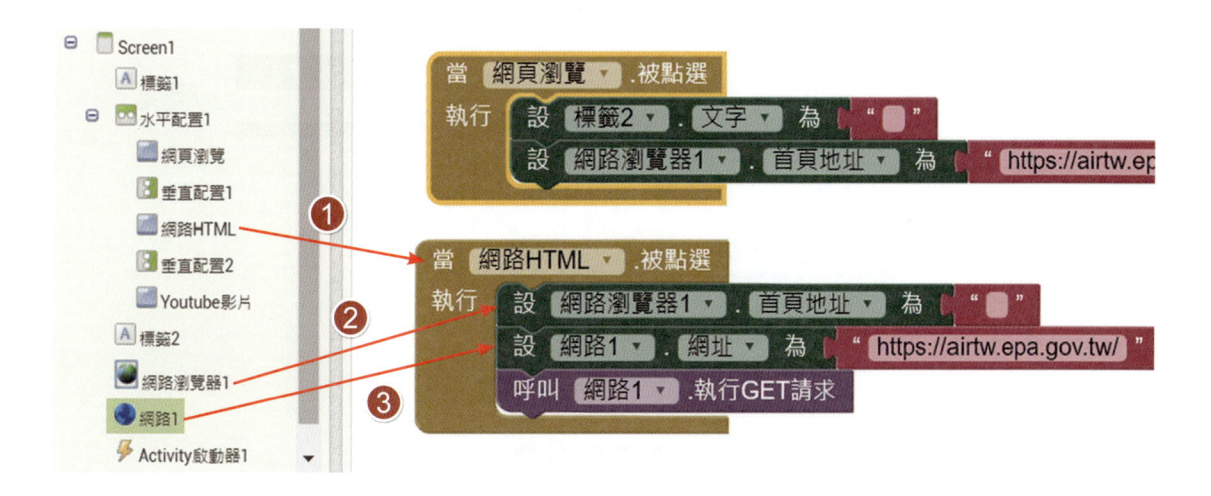

Step 4 ▶ 放入「網路 1」組件的「當 網路1 .取得文字 URL網址 回應程式碼 回應類型 回應內容 執行」。

Step 5 ▶ 放入「控制」的「如果 則」，判斷是否「回應程式碼＝200」。

Step 6 ▶ 將「標籤 2」組件的「標籤 2.文字為」「回應內容」變數。

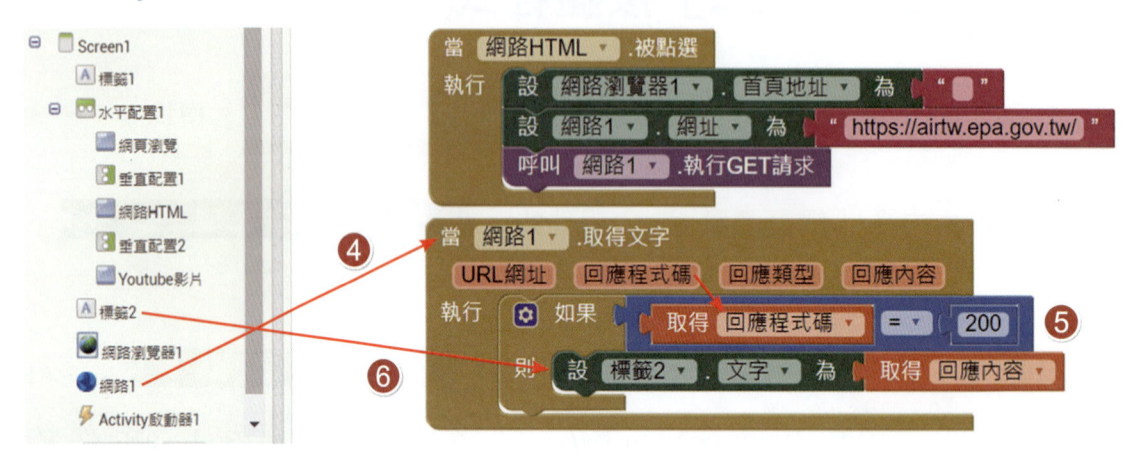

三、「Youtube 影片」按鈕程式

Step 1 ▶ 點選「Youtube 影片」組件的「當 Youtube影片 被點選 執行」模塊。

Step 2 ▶ 放入「Activity 啟動器 1」組件的

「設 Activity啟動器1 動作 為」為

「android.intent.action.VIEW」文字。

Step 3 ▶ 放入「Activity 啟動器 1」組件的

「設 Activity啟動器1 資料URI 為」為

「https://www.youtube.com/watch?v=z-f3Us3sP5M」文字。

Step 4 ▶ 放入「Activity 啟動器 1」組件的「呼叫 Activity啟動器1 .啟動Activity」，

將會呼叫 Youtube 應用程式 來播放影片。

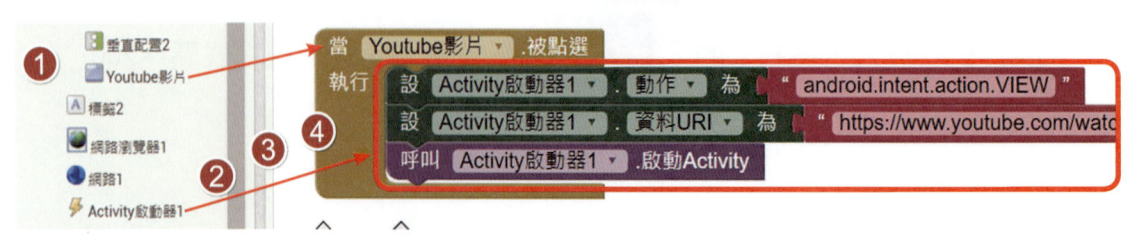

四、「Screen1」螢幕初始化程式

設定一進入 App 程式時，初始化的設計各項預設的設定。

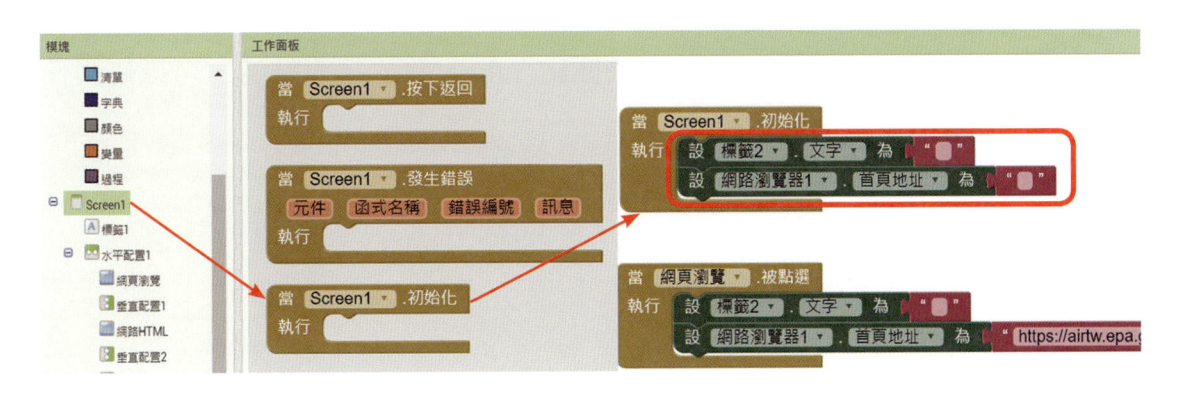

Step 1 ▶ 點選「Screen1」組件的「當 Screen1.初始化 執行」模塊。

Step 2 ▶ 放入「標籤 2」組件的「設 標籤2.文字 為」為「空白」文字。

Step 3 ▶ 放入「網頁瀏覽器 1」組件的「設 網路瀏覽器1.首頁地址 為」為「空白」文字。

Chapter 6 課後習題

( ) 1. 若想在 App Inventor 2 的螢幕畫面上顯示 Yahoo 網頁內容時（不離開原 App），可以使用什麼組件？
   (A) 分享組件
   (B) Activity 啟動器組件
   (C) 按鈕組件
   (D) 網路瀏覽器組件。

( ) 2. 若想呼叫手機內建瀏覽器來開啟 Yahoo 網站超連結時，可以使用什麼組件？
   (A) 網路瀏覽器組件
   (B) 按鈕組件
   (C) Activity 啟動器組件
   (D) 分享組件。

( ) 3. 標記組件必須放置在下列哪一個組件之中？
   (A) 多邊形組件
   (B) 特徵集組件
   (C) 地圖組件
   (D) 長方形組件。

( ) 4. 「網路瀏覽器」組件和「網路」組件何者為可視組件？
   (A) 「網路瀏覽器」組件
   (B) 「網路」組件
   (C) 二者都是可視組件
   (D) 二者都不是可視組件。

（　）5. 有關 Activity 啟動器 1 中要開啟網頁瀏覽器，連結 Yahoo 網站時，在 Action 屬性要填入下列哪一項？

(A) android.intent.action.VIEW

(B) android.intent.action.MAIN

(C) android.intent.action.PICK

(D) android.intent.action.SEARCH。

（　）6. 有關 Activity 啟動器 1 中要啟動電子郵件撰寫郵件，收件人是 abc@gmail.com 時，在資料 URI 屬性要填入下列哪一項？

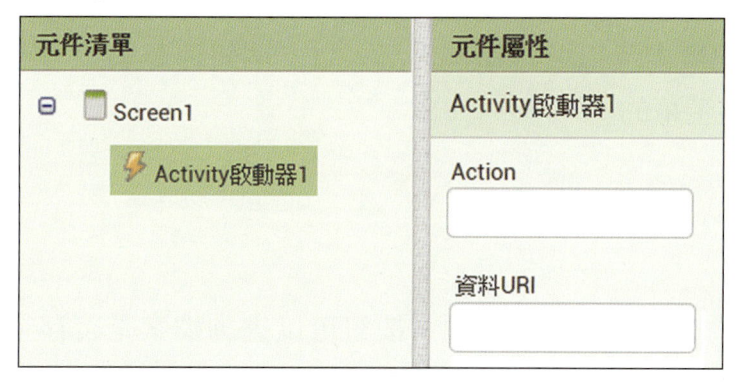

(A) http:abc@gmail.com

(B) ftp:abc@gmail.com

(C) mail:abc@gmail.com

(D) mailto:abc@gmail.com。

Chapter 7
生活小工具

學習重點 學習建立多個畫面及畫面之間的切換
學習微型資料庫、計時器組件應用

7-1 專案說明

製作「生活小工具」應用程式時,使用「微型資料庫」組件、「計時器」組件來完成記事本及電子時鐘小工具,這二個組件是屬於不可見組件,所以是不會出現在螢幕的。

執行結果

記事本

當使用輸入檔名後,按下「查詢」按鈕可以查詢檔案是否存在,若存在則讀入檔案,不存在則新建檔案;按下「存檔」按鈕可以儲存「記事內文」到「輸入檔名」檔案中,按「回首頁」會回到主畫面。

標題標籤

「輸入檔名」文字輸入盒

「查詢」、「存檔」、「回首頁」按鈕

「記事內文」文字輸入盒

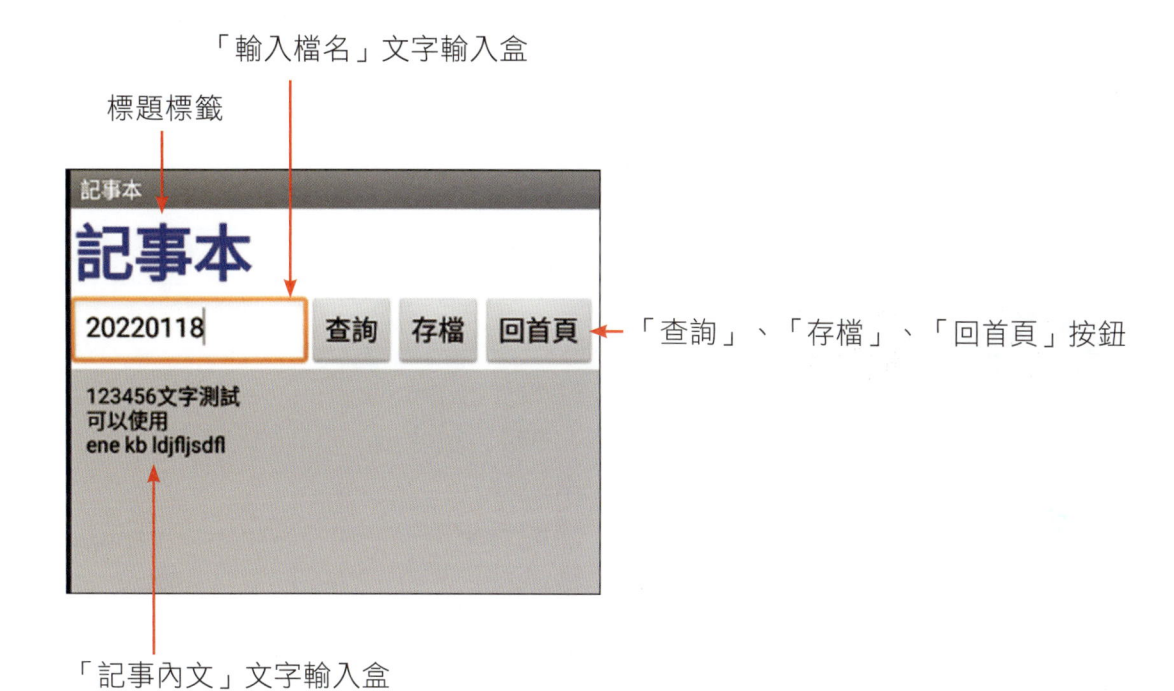

電子時鐘

電子時鐘會自動抓取現在時間，依指定格式顯示在「時間顯示」標籤。

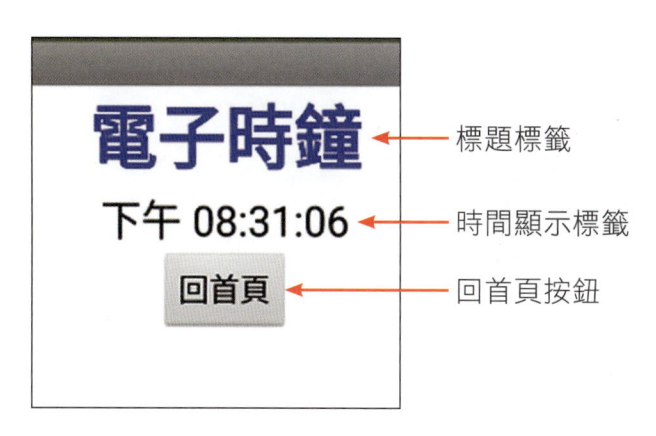

標題標籤

時間顯示標籤

回首頁按鈕

7-2 專案畫面設計

主畫面配置表

工作面板	組件列表	素材檔案
（生活小工具主畫面：標題「生活小工具」，按鈕「記事本」、「電子時鐘」、「結束程式」）	組件列表 Screen1 　標籤1 　記事本 　電子時鐘 　結束程式	無

記事本畫面配置表

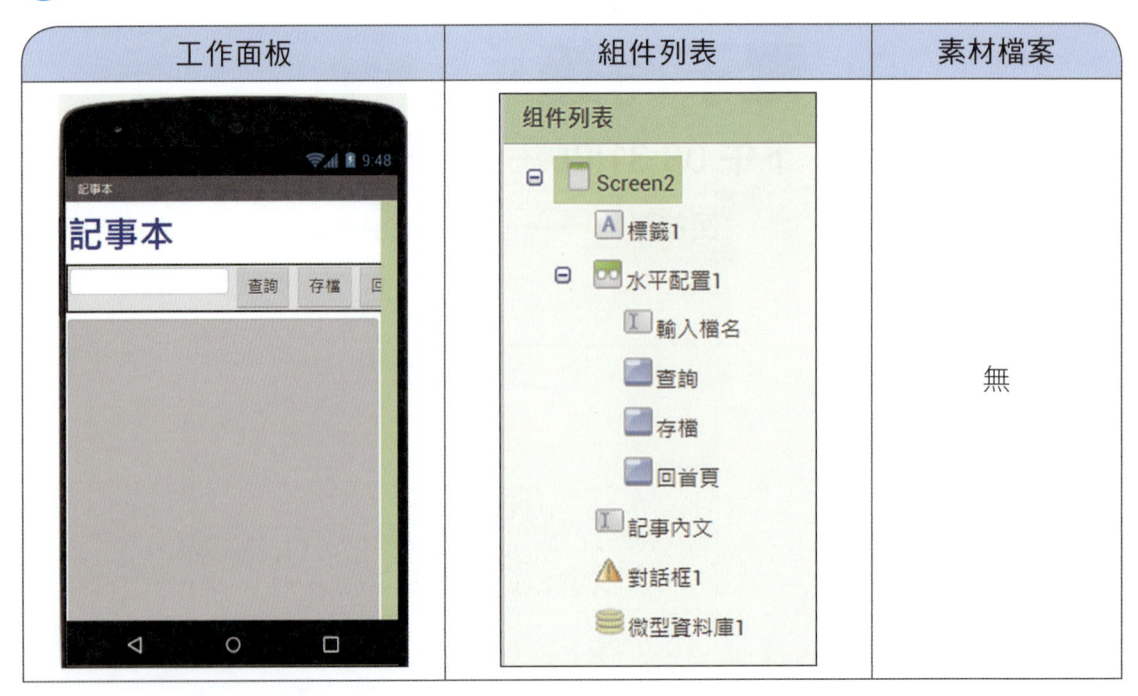

工作面板	組件列表	素材檔案
（記事本畫面：標題「記事本」，輸入框與「查詢」、「存檔」、「回」按鈕）	組件列表 Screen2 　標籤1 　水平配置1 　　輸入檔名 　　查詢 　　存檔 　　回首頁 　記事內文 　對話框1 　微型資料庫1	無

電子時鐘畫面配置表

工作面板	組件列表	素材檔案
(電子時鐘畫面，含「電子時鐘」標題與「回首頁」按鈕)	組件列表 ─ Screen3 　A 標籤1 　A 時間顯示 　■ 回首頁 　⏰ 計時器1	無

一、Screen1 螢幕、標題標籤、「記事本」及「電子時鐘」按鈕

Step 1 ▶ 新增「stools」專案。

Step 2 ▶ 點選「組件列表」區「Screen1」組件，設定屬性值：

水平對齊	App 名稱	螢幕方向	標題
居中	生活小工具	鎖定直式畫面	生活小工具

Step 3 ▶ 拖曳「使用者介面／標籤」組件到「工作面板」區，設定屬性值：

粗體	字體大小	文字	文字顏色
勾選	40	生活小工具	藍色

101

Step 4 ▶ 拖曳 3 次「使用者介面／按鈕」到「工作面板」區，設定屬性值：

重新命名	字體大小	寬度	文字
記事本	20	150 像素	記事本
電子時鐘	20	150 像素	電子時鐘
結束程式	20	150 像素	結束程式

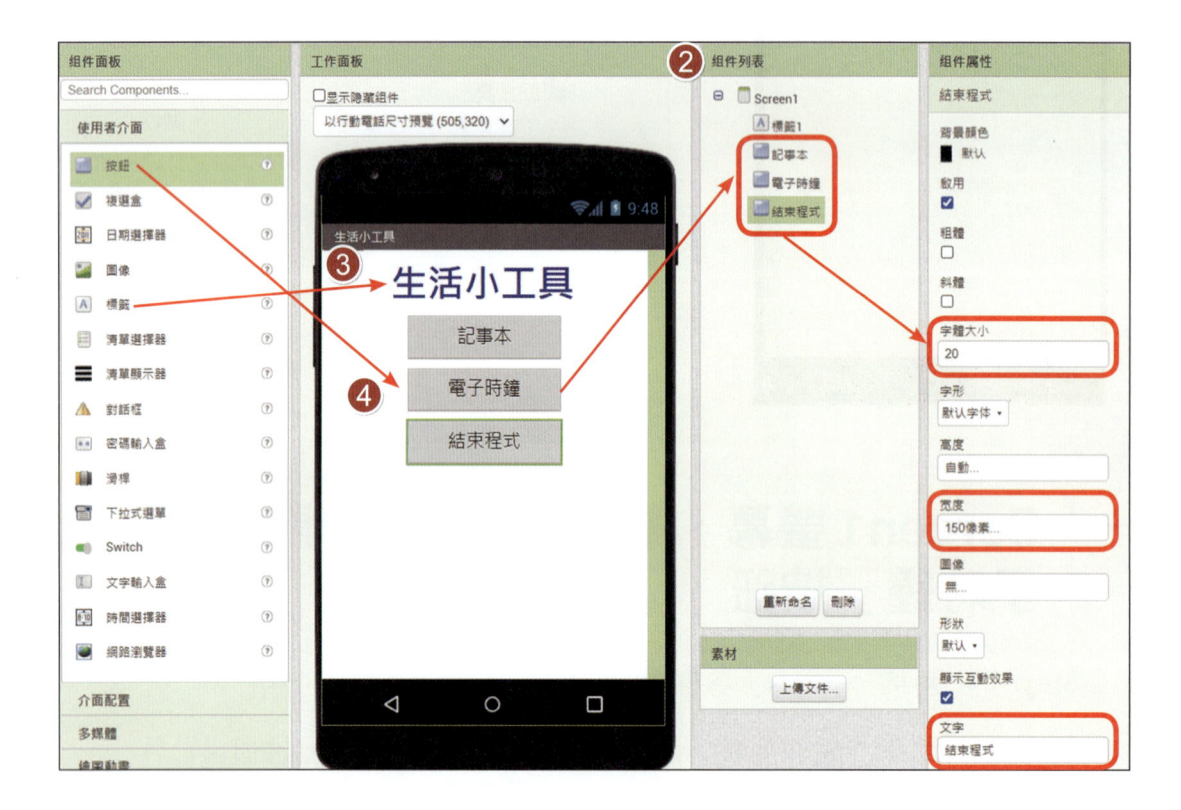

二、Screen2 - 螢幕、記事本標題

Step 1 ▶ 按「新增螢幕」鈕,輸入螢幕名稱為「Screen2」後,按「確定」鈕。

Step 2 ▶ 點選「組件列表」區「Screen2」組件,設定屬性值:

螢幕方向	標題
鎖定直式畫面	記事本

Step 3 ▶ 拖曳「使用者介面/標籤」到「工作面板」區,設定屬性值:

粗體	字體大小	文字	文字顏色
勾選	40	記事本	藍色

三、Screen2 -「檔案名稱」文字輸入盒

Step 1 ▶ 拖曳「介面配置／水平配置」到「工作面板」區，屬性採預設值。

Step 2 ▶ 拖曳「使用者介面／按鈕」到「水平配置1」區，重新命名為「輸入檔名」，設定屬性值：

字體大小	提示
18	輸入英數檔名

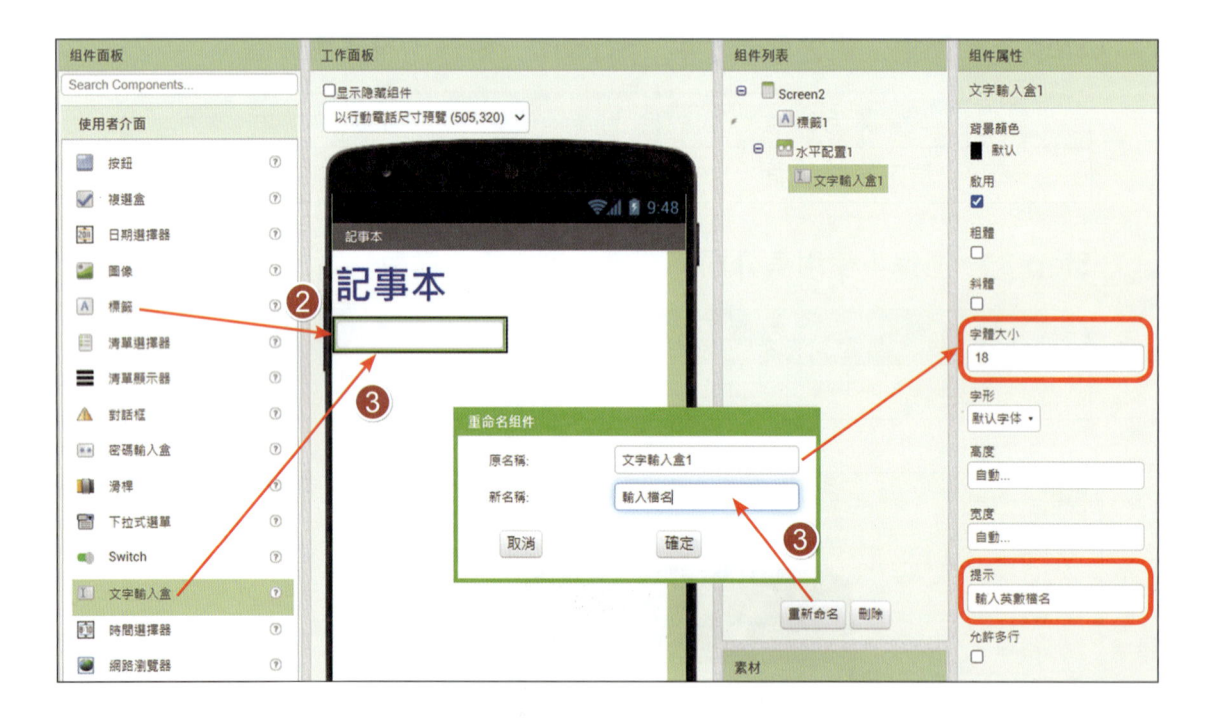

四、Screen2 -「查詢、存檔、回首頁」按鈕

拖曳 3 次「使用者介面／按鈕」到「水平配置 1」區，設定屬性值：

重新命名	字體大小	文字
查詢	18	查詢
存檔	18	存檔
回首頁	18	回首頁

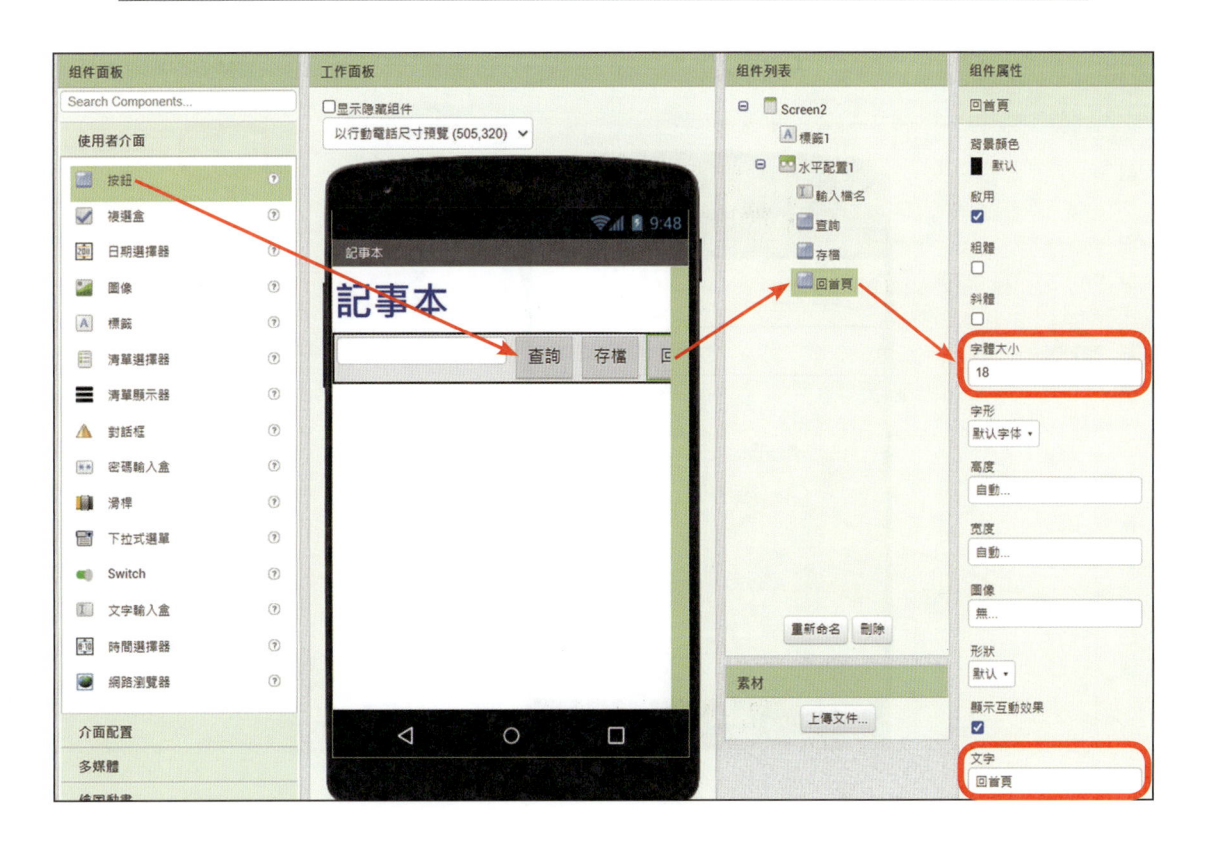

五、Screen2-「記事內文」文字輸入盒、對話框、微型資料庫組件

Step 1 ▶ 拖曳「使用者介面／按鈕」到「工作面板」內，重新命名為「記事內文」，設定屬性值：

背景顏色	高度	寬度	提示	允許多行
淺灰	300 像素	填滿	此處輸入文字	勾選

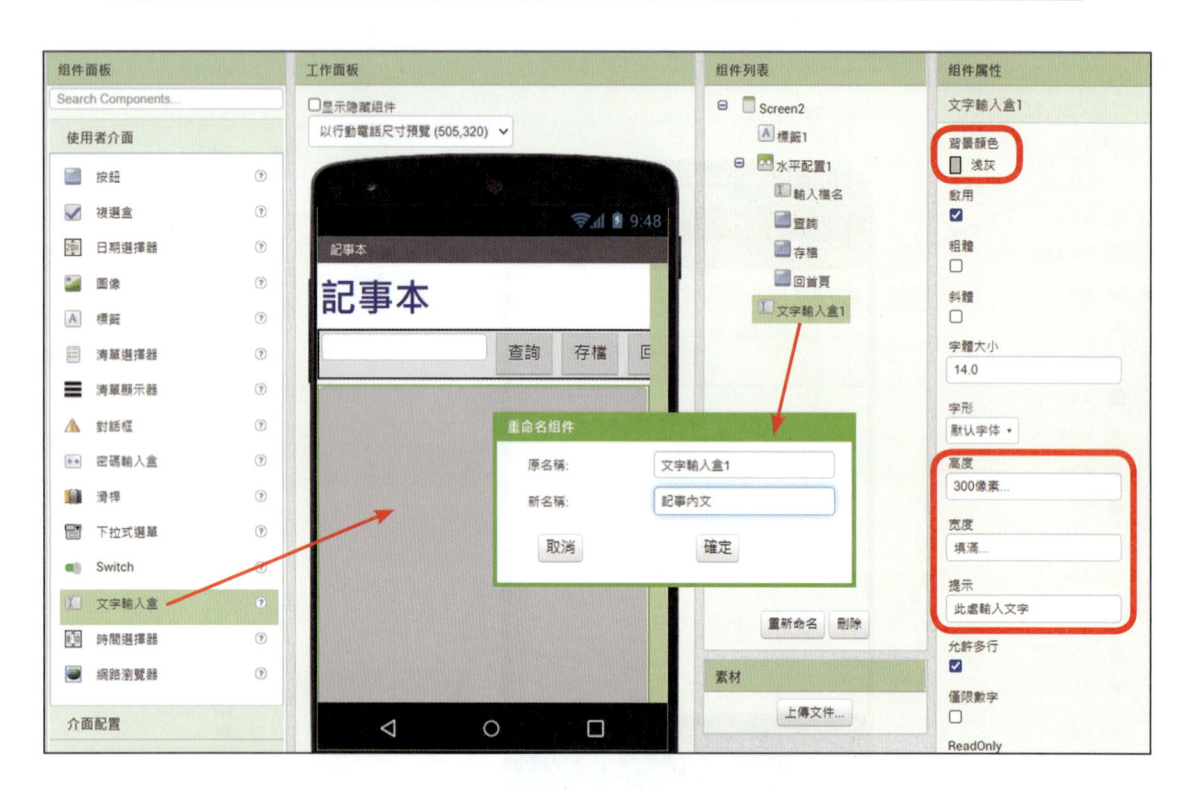

Step 2 ▶ 拖曳「使用者介面／對話框」組件到「工作面板」，為非可視組件 ![對話框1]。

Step 3 ▶ 拖曳「資料儲存／微型資料庫」組件到「工作面格」內，為非可視組件 ![對話框1]。

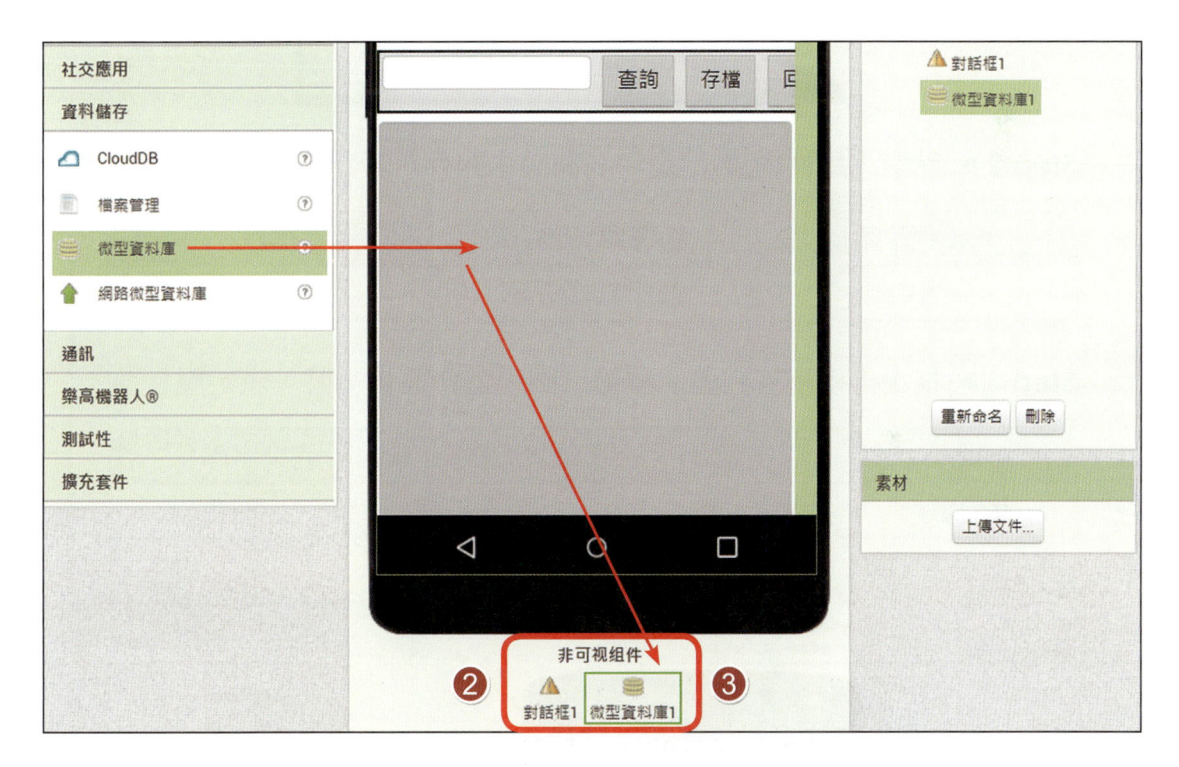

六、Screen3 - 螢幕、電子時鐘標題

Step 1 ▶ 按「新增螢幕」鈕,輸入螢幕名稱為「Screen3」後,按「確定」鈕。

Step 2 ▶ 點選「組件列表」區「Screen3」組件,設定屬性值:

水平對齊	螢幕方向	標題
居中	鎖定直式畫面	電子時鐘

Step 3 ▶ 拖曳「使用者介面/標籤」到「工作面板」區,設定屬性值:

粗體	字體大小	文字	文字顏色
勾選	40	電子時鐘	藍色

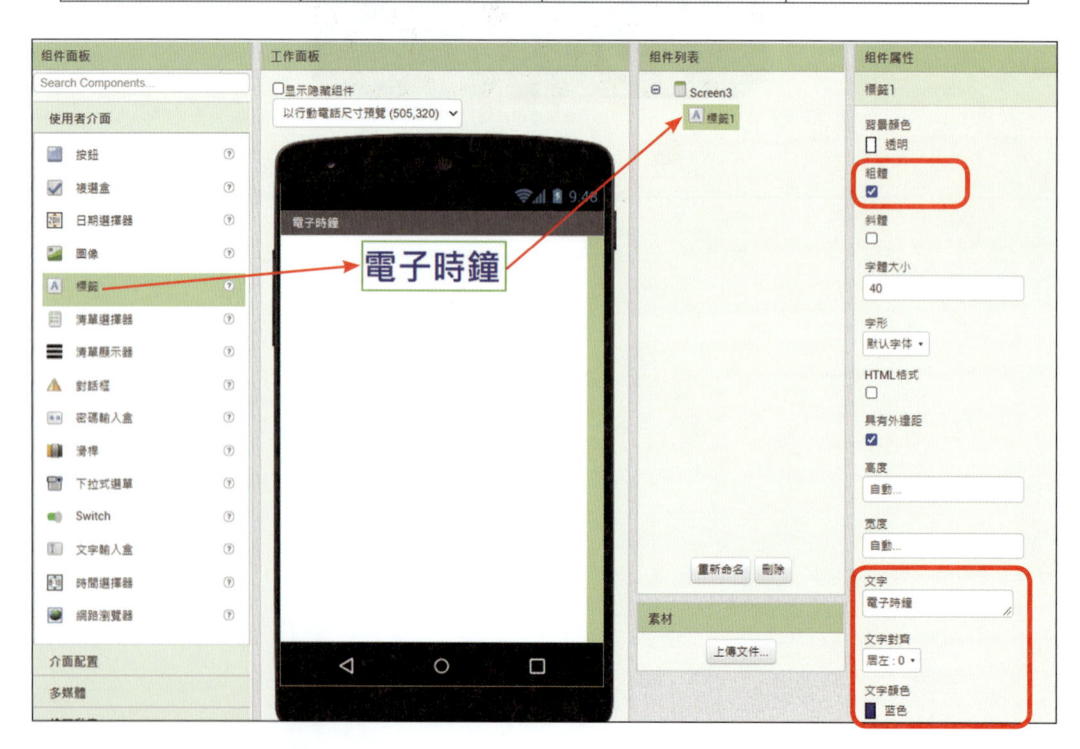

七、Screen3-「時間顯示」標籤、「回首頁」按鈕、「計時器」組件

Step 1 ▶ 拖曳「使用者介面／標籤」到「工作面格」內，設定屬性值：。

重新命名	字體大小	文字
時間顯示	24	空白

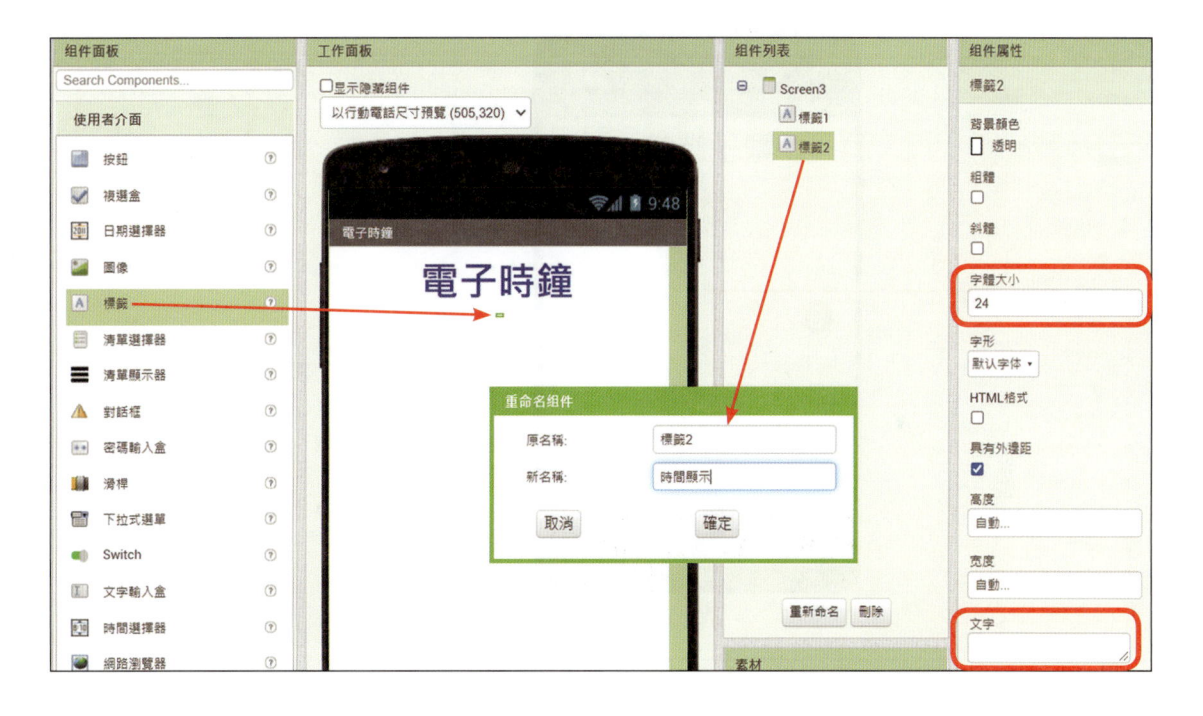

Step 2 ▶ 拖曳「使用者介面／按鈕」到「工作面板」處，設定屬性值：

重新命名	字體大小	文字
回首頁	18	回首頁

運算思維與 App Inventor 2 程式設計

Step 3 ▶ 拖曳「感測器／計時器」到「工作面板」處，為非可視組件，設定屬性值：

持續計時	啟用計時	計時間隔
勾選	勾選	1000

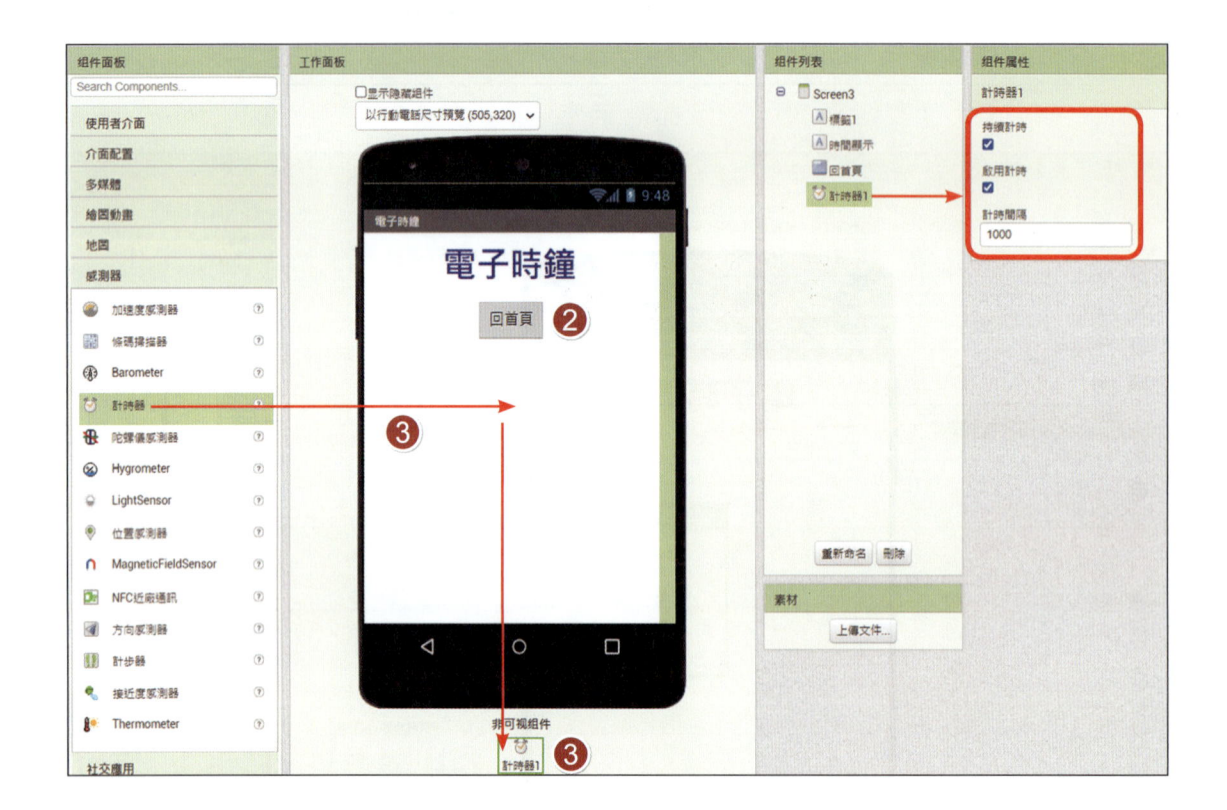

7-3 專案程式設計

微型資料庫組件

微型資料庫組件是用來建立資料庫把資料儲存在手機本機上，本身沒有任何屬性及事件，微型資料庫組件使用的「儲存數值」、「取得數值」方法中，常會出現標籤及儲存值二個參數。

- 標籤：就是資料庫名稱，格式為字串。
- 儲存檔：就是資料庫的內容，格式可以是字串、數值或清單。

微型資料庫常用的方法：

方法	說明
清除標籤資料（標籤）	刪除指定的（標籤）資料庫。
取得數值（標籤）（回傳值）	取得指定（標籤）資料庫的資料，如果找不到資料會傳回的指定字串的指定（回傳值）。
儲存數值（標籤）（儲存值）	將（儲存值）資料儲存到指定（標籤）資料庫內，儲存值可以是字串或清單。

計時器組件

計時器組件主要有二個功能：取得系統時間、定時觸發指定事件。計時器有 3 個屬性：

屬性	說明
持續計時	若為「真」值，則程式不在手機螢幕執行時，仍會繼續計時。
啟用計時	若為「真」值，才會計時；若為「假」，停止計時。
計時間隔	設定事件觸發一次的時間間隔，預設值是 1000，單位：毫秒（ms），也就是每 1 秒觸發 1 次事件。

一、Screen1 跳轉螢幕按鈕

Step 1 ▶ 點選「Screen／Screen1」後，進入 Screen1 畫面編排。

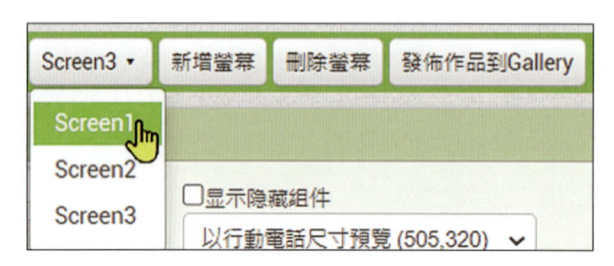

Step 2 ▶ 按「程式設計」鈕進入 Screen1 程式設計介面。

Step 3 ▶ 點選「記事本」組件的「當 記事本.被點選 執行」模塊。

Step 4 ▶ 點選「內置塊／控制」的「開啟另一畫面 畫面名稱 Screen1」模塊放入，選擇「Screen2」。

Step 5 ▶ 依上述方法，完成「當電子時鐘.被點選」時，「開啟另一畫面 畫面名稱」「Screen3」。

Step 6 ▶ 點選「結束」組件的「當 結束程式.被點選 執行」模塊，加入「內置塊／控制」的「退出程式」模塊放入。

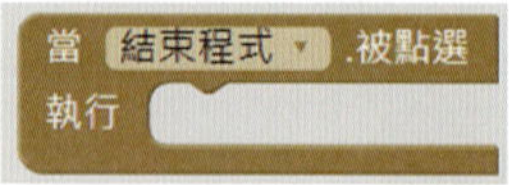

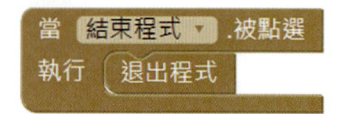

二、Screen2 -「記事本」初始化

Step 1 ▶ 選擇「Screen2」，進入「記事本」程式設計。

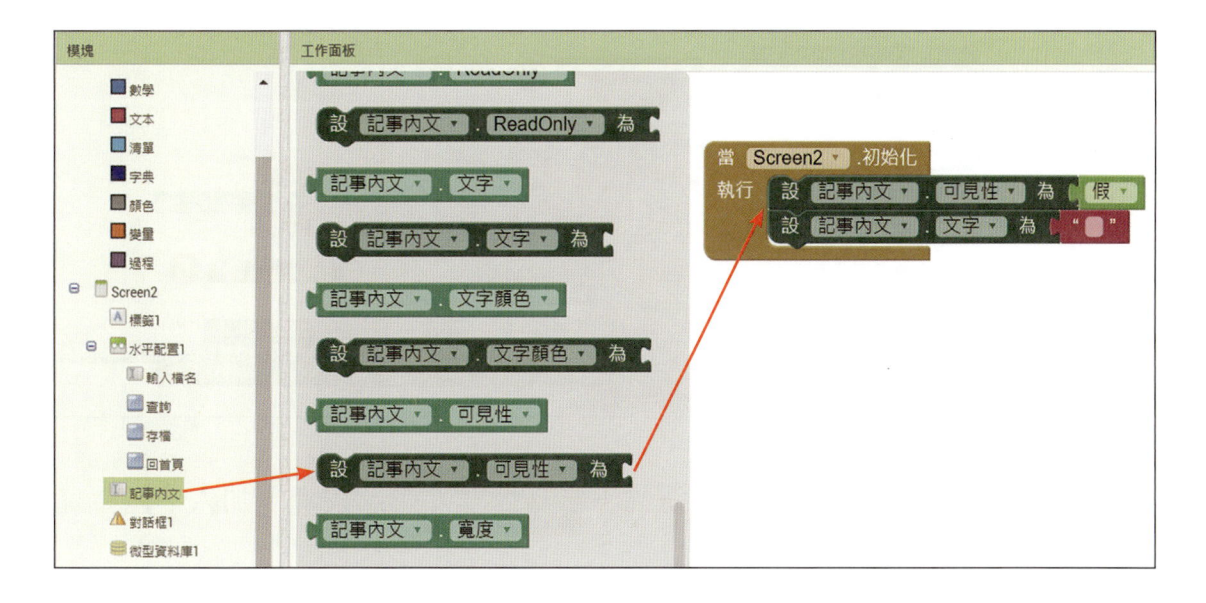

Step 2 ▶ 點選「Screen2」的「當 Screen2.初始化 執行」模塊。

Step 3 ▶ 加入「記事內文」組件的「設 記事內文.可見性 為」為邏輯「假」（就是無法看見），「設 記事內文.文字 為」為「空白」文字。

三、Screen2 -「查詢」按鈕、「回首頁」按鈕

Step 1 ▶ 點選「查詢」按鈕的「 當 查詢.被點選 執行 」模塊。

Step 2 ▶ 加入「記事內文」組件的「 設 記事內文.可見性 為 」為邏輯「真」（就是可以看見）。

Step 3 ▶ 點選「內置塊／控制」的「 如果 則 否則 」模塊。

Step 4 ▶ 加入判斷，如果「微型資料庫1」讀取「輸入檔名.文字」檔案為空時（找不到資料時）。

Step 5 ▶ 「則」區段，加入跳出對話框「檔案不存在，新增記事檔案」警告，以及設定「 設 記事內文.文字 為 」為「空白」文字。

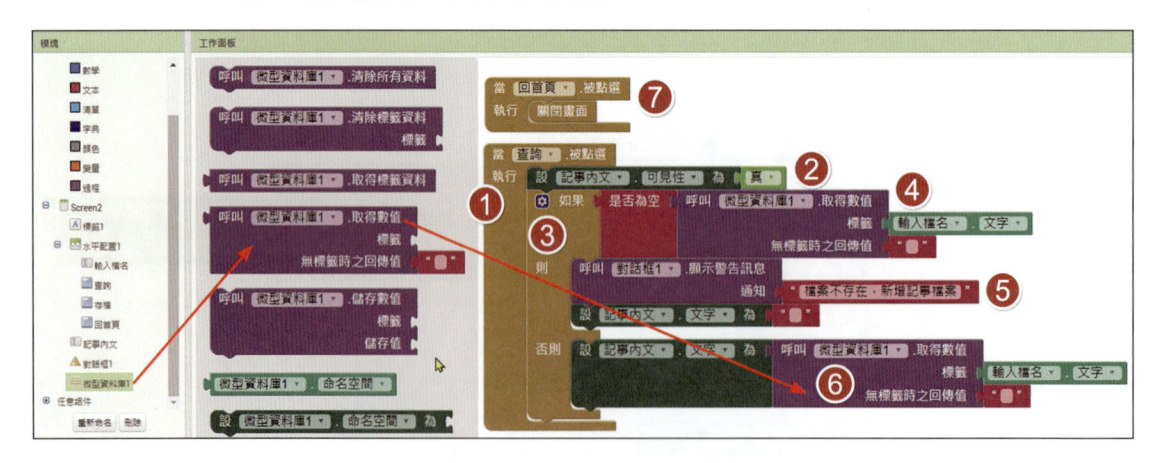

Step 6 ▶ 「否則」區段，設定「記事內文.文字」為呼叫微型資料庫1取得「輸入檔名.文字」數值。

Step 7 ▶ 點選「回首頁」按鈕的「 當 回首頁.被點選 執行 」模塊，加入「內置塊／控制」的「 關閉畫面 」模塊。

四、Screen2 -「存檔」按鈕

Step 1 ▶ 點選「存檔」按鈕的「當 存檔.被點選 執行」模塊。

Step 2 ▶ 點選「內置塊／控制」的「如果／則／否則」模塊。

Step 3 ▶ 加入判斷，如果「輸入檔名.文字」不是空白時（就是有輸入檔名）。

Step 4 ▶ 「則」區段，加入將「記事內文.文字」儲存到「輸入檔名」檔案中，並跳出對話框「存檔完成！」。

Step 5 ▶ 「否則」區段，加入「記事內文」組件的
「設 記事內文.可見性 為」為邏輯「假」（就是無法看見）。

五、Screen3 -「回首頁」按鈕

Step 1 ▶ 選擇「Screen3」，進入 Screen3 程式設計。

Step 2 ▶ 點選「回首頁」按鈕的「當 回首頁.被點選 執行」模塊，加入「內置塊／控制」的「關閉畫面」模塊。

六、Screen3 - 計時器計時程式

Step 1 ▶ 點選「計時器 1」的「當 計時器1.計時 執行」模塊。

Step 2 ▶ 加入「時間顯示」的「設 時間顯示.文字 為」模塊。

Step 3 ▶ 加入「計時器 1」的「呼叫 計時器1.日期時間格式 時刻 pattern "MM/dd/yyyy hh:mm:ss a"」模塊，Pattern 文字改為「"a hh:mm:ss"」後，放到「時間顯示.文字為」模塊輸入項。

Step 4 ▶ 加入「計時器 1」的「呼叫 計時器1.取得當下時間」模塊，放到「時刻」輸入項。

Chapter 7 課後習題

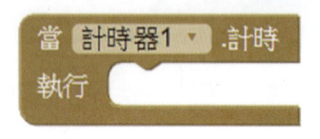

(　　) 1.「計時器 1」組件屬性的「計時間隔」屬性值設為 100，則「計時器 1.計時」事件每秒鐘會執行幾次？

(A) 100　　　　(B) 1　　　　(C) 10　　　　(D) 1000。

(　　) 2. 請問以下程式「計時器 1.計時」幾秒會自動執行 1 次？

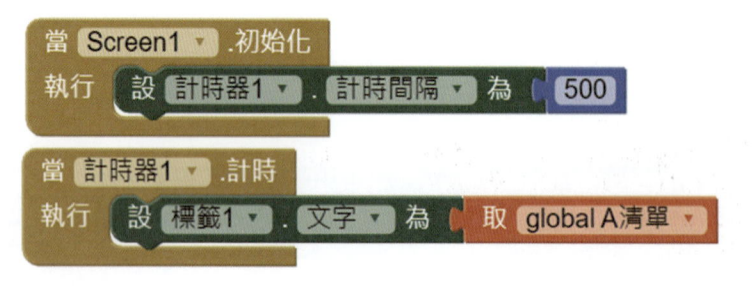

(A) 50 秒　　(B) 500 秒　　(C) 0.5 秒　　(D) 0.05 秒。

(　　) 3. 如圖甲所指的組件，最可能是使用何種組件？

(A) 圖像組件　　　　　　　　(B) 按鈕組件
(C) 文字輸入盒組件　　　　　(D) 標籤組件。

(　　) 4. 如圖甲所指的組件，最可能是使用何種組件？

(A) 文字輸入盒組件　　　　　(B) 按鈕組件
(C) 標籤組件　　　　　　　　(D) 圖像組件。

(　　) 5. 如圖甲所指的組件，最可能是使用何種組件？

(A) 文字輸入盒組件　　　　　(B) 按鈕組件
(C) 圖像組件　　　　　　　　(D) 標籤組件。

(　　) 6. 如圖甲所指的組件，最可能是使用何種組件？

(A) 標籤組件　　　　　　　　(B) 按鈕組件
(C) 文字輸入盒組件　　　　　(D) 圖像組件。

(　　) 7. 如下圖所示之程式碼，按下「按鈕 1」後，「標籤 1」的顯示結果為哪一項？

(A) 檔案 abc 的檔案內容
(B) 檔案 abc 的檔案名稱
(C) 檔案 abc 的檔案目錄
(D) 檔案 abc 的檔案容量大小。

第二篇

演算法

演算法是程式設計中一種解決問題的思考邏輯，不管學習任何程式語言都相當重要。例如要如何讓 5 個隨機出現的數字由小到大排列有哪些方法呢？其中氣泡排序法就是最具代表性的排序演算法。

Chapter 8 ◇ 猜拳遊戲

Chapter 9 ◇ 樂透開獎

Chapter 8 ◇ 猜拳遊戲

學習重點
- 學習建立隨機數字方法
- 學習選擇結構「如果…否則…」流程控制
- 學習變數的應用及程式註解的使用

8-1 專案說明

設計「猜拳」遊戲，當玩家按下「剪刀」、「石頭」或「布」按鈕出拳時，電腦會隨機出拳，依玩家及電腦所出的拳來判斷勝負。

執行結果

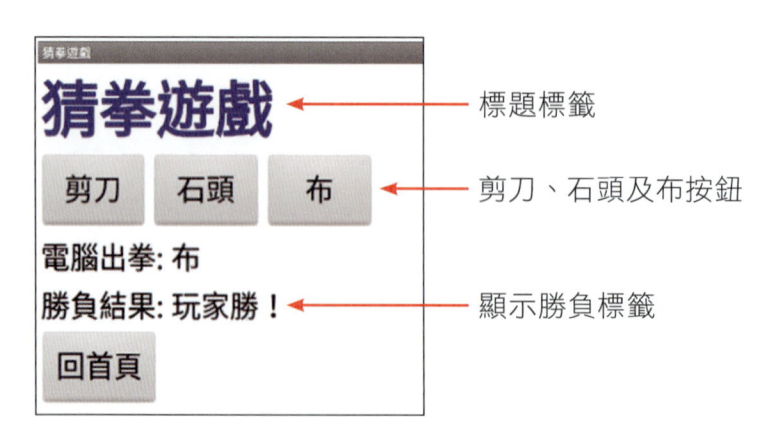

- 標題標籤
- 剪刀、石頭及布按鈕
- 顯示勝負標籤

8-2 專案畫面設計

製作「猜拳遊戲」應用程式時，使用「水平配置」來安排剪刀、石頭、布 3 個按鈕，使用表格配置來呈現電腦出拳及勝負結果。

主畫面配置表

工作面板	組件列表	素材檔案
（猜拳遊戲主畫面）	Screen1 　標籤1 　水平配置1 　　剪刀 　　石頭 　　布 　表格配置1 　　標籤2 　　標籤3 　　電腦出拳 　　勝負結果	無

一、Screen1 螢幕、標題標籤

Step 1 ▶ 新增「fingergame」專案。

Step 2 ▶ 點選「組件列表」區「Screen1」組件，設定屬性值：

App 名稱	螢幕方向	標題
猜拳遊戲	鎖定直式畫面	猜拳遊戲

Step 3 ▶ 拖曳「使用者介面／標籤」到「工作面板」區，設定屬性值：

粗體	字體大小	文字	文字顏色
勾選	40	猜拳遊戲	藍色

二、玩家出拳-「剪刀、石頭、布」按鈕

Step 1 ▶ 拖曳「介面配置／水平配置」到「工作面板」區，屬性採預設值。

Step 2 ▶ 拖曳 3 次「使用者介面／按鈕」到「水平配置1」內，設定屬性值：

重新命名	字體大小	寬度	文字
剪刀	18	70 像素	剪刀
石頭	18	70 像素	石頭
布	18	70 像素	布

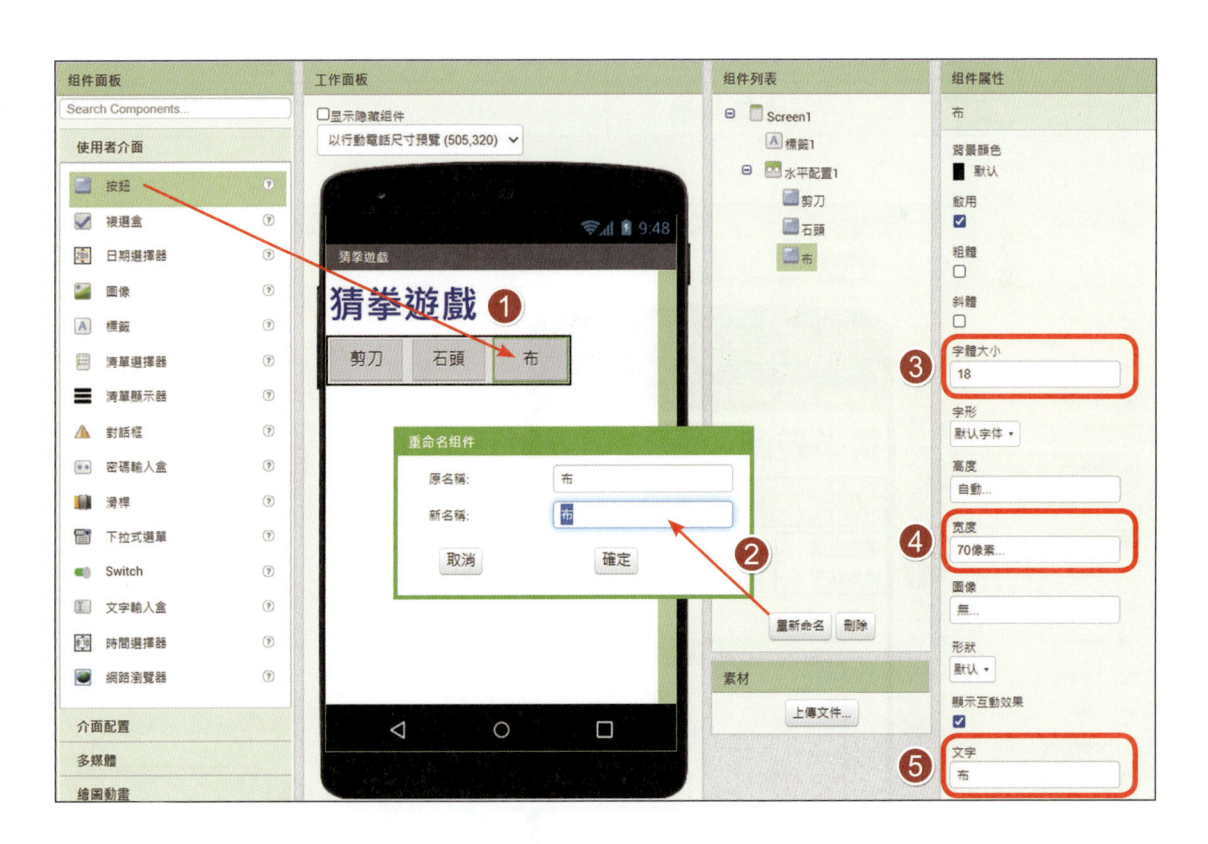

三、電腦出拳 - 出拳標籤、勝負結果標籤

Step 1 ▶ 拖曳「介面配置／表格配置」到「工作面板」區，設定屬性值：

列數	行數
2	2

Step 2 ▶ 拖曳 4 次「使用者介面／標籤」到「表格配置 1」內，設定屬性值：

表格配置 1 位置	重新命名	字體大小	文字
左上		20	電腦出拳：
左下		20	勝負結果：
右上	電腦出拳	20	空白
右下	勝負結果	20	空白

126

8-3 專案程式設計

程序

在程式設計中除了循序結構、選擇結構、重複結構流程控制之外，常會有需要重複執行程式區段，如果每次都重複加入這些程式碼，會使整個程式變得很龐大。通常會把這類具有特定功能或會重複使用的程式區段，另外撰寫成獨立的程式單元，稱為「程序」。每個稱序有指定的名稱，使用時只要在呼叫程序名稱，就可以先跳到該程序執行後，再回到原呼叫處繼續執行後方的程式。

程序有「無傳回值」和「有傳回值」程序二種，使用方法相似，使用者可以自行更改程序名稱。

預設的程序是沒有參數的，可以如下操作加入參數：

Step 1 ▶ 點選 ⚙ 擴充項目，開啟參數。

Step 2 ▶ 預設的參數名稱為「x」，可以更改名稱。

Step 3 ▶ 拖曳「輸入：x」模塊到輸入項模塊區段內。

一、設定玩家出拳及電腦出拳變數

先預設玩家出拳及電腦出拳變數皆為 0（未出拳），程式中隨機出現 1 到 3 的整數，出現的整數代表出拳（1 剪刀、2 石頭、3 布）。

Step 1▶ 按「程式設計」鈕進入 Screen1 程式設計介面。

Step 2▶ 點選 2 次「內置塊／變數」的「 初始化全域變數 變數名 為 」模塊，變數分別重新命名為「玩家出拳」、「電腦出拳」，設定其值為數字「 0 」。

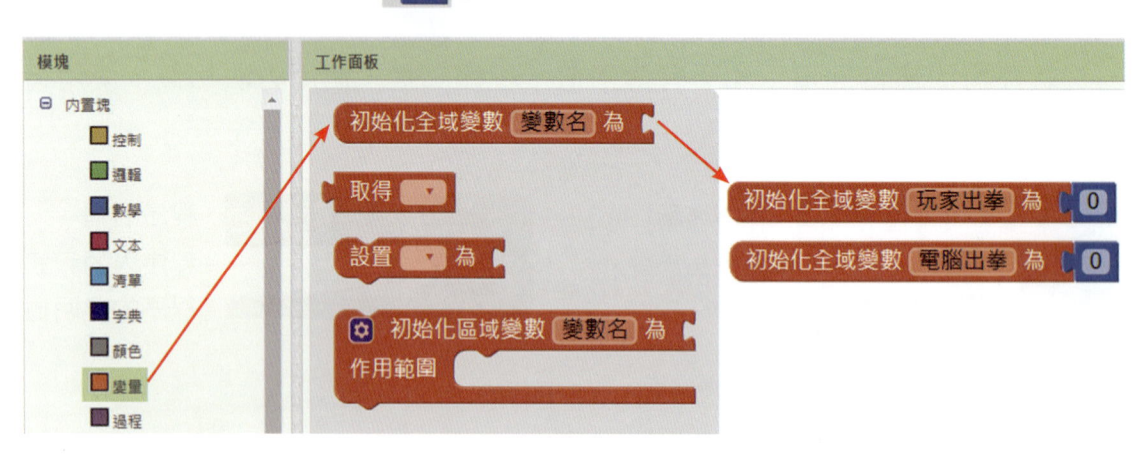

二、定義「電腦出拳」程序及「電腦出拳」標籤程式

使用程序（副程式或函式），可以精簡程式的設計，尤其是重複執行的程式部分，建議採用程序來撰寫。

Step 1▶ 點選「內置塊／過程」的「 定義程序 程序名 執行 」模塊，並重新命名為「電腦出拳」。

Chapter 8 猜拳遊戲

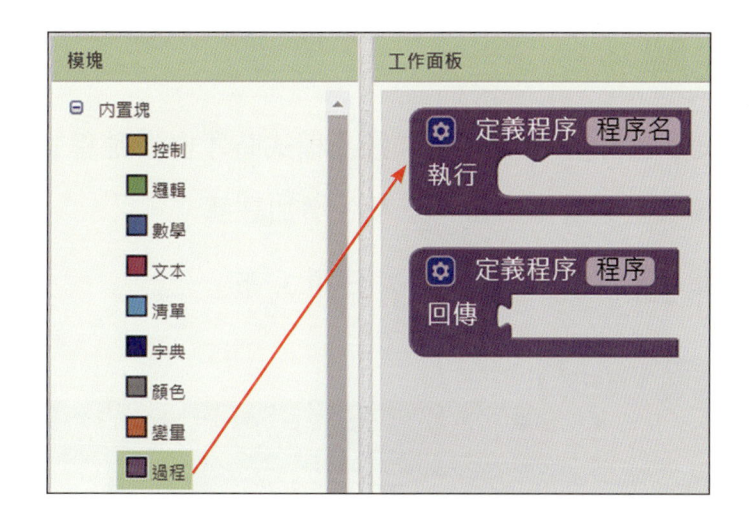

Step 2▶ 設置「電腦出拳」變數為 1 到 3 之間的隨機整數。

Step 3▶ 點選「內置塊／控制」的「如果…否則如果…否則」模塊。

Step 4▶ 如果「電腦出拳」=1 時，設標籤「電腦出拳.文字」為「剪刀」。

Step 5▶ 否則如果「電腦出拳」=2 時，設標籤「電腦出拳.文字」為「石頭」。

Step 6▶ 否則設標籤「電腦出拳.文字」為「布」。

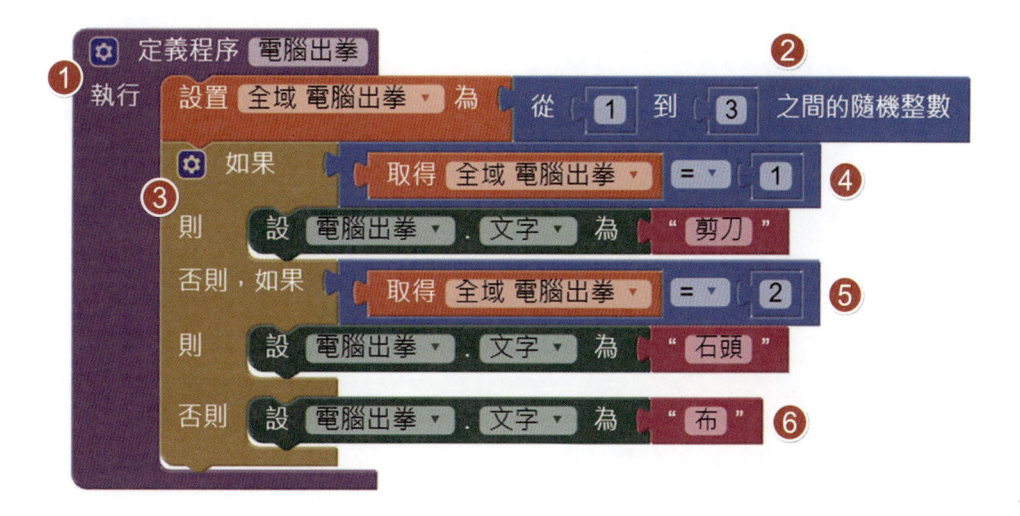

三、增加註解

在程式中適度加入註解，未來回來修改程式時才會清楚程式的規劃。

Step 1 ▶ 在模塊上按滑鼠右鍵，選擇「增加註解」。

Step 2 ▶ 點擊 ❓，輸入「1.剪刀 2.石頭 3.布」。

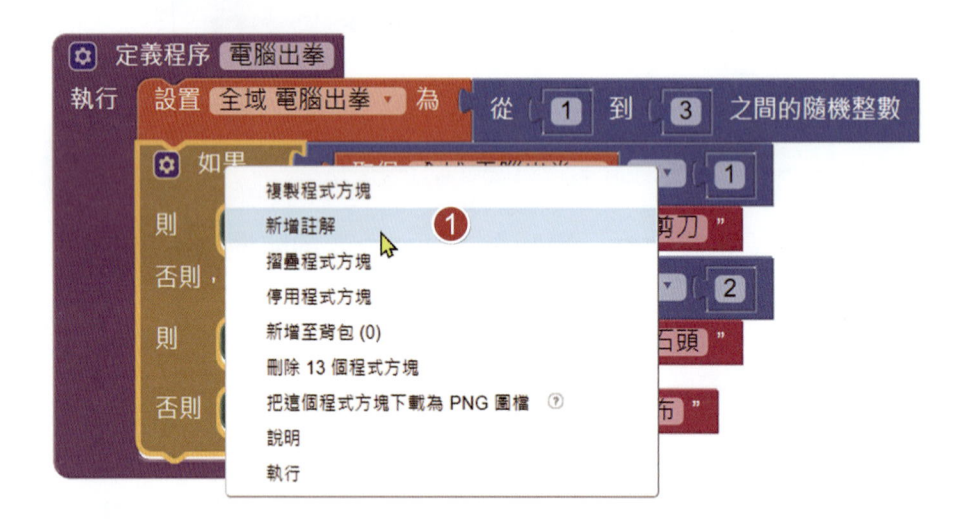

四、定義猜拳結果程序程式

Step 1 ▶ 點選「內置塊／過程」的「定義程序 程序名 執行」模塊，並命名為「猜拳結果」。

Step 2 ▶ 點選「內置塊／過程」的「呼叫 電腦出拳」模塊，放入「猜拳結果」程序內。

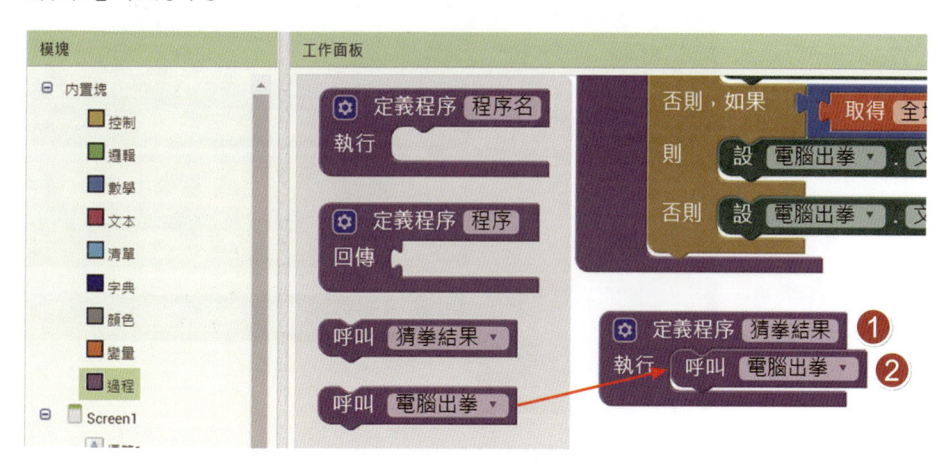

五、玩家出剪刀時的勝負結果

Step 1 ▶ 點選「內置塊／控制」的「如果…則」，放入「猜拳結果」程序內。

Step 2 ▶ 如果「玩家出拳」＝1，表示玩家出拳為剪刀。

Step 3 ▶ 點選「內置塊／控制」的「如果…否則如果…否則」模塊。

Step 4 ▶ 如果「電腦出拳」＝1（剪刀）時，設標籤「勝負結果.文字」為「平手！」。

Step 5 ▶ 否則如果「電腦出拳」= 2（石頭）時，設標籤「勝負結果.文字」為「玩家輸！」。

Step 6 ▶ 否則表示電腦出拳為 3（布），設標籤「勝負結果.文字」為「玩家勝！」。

六、玩家出石頭時的勝負結果

Step 1 ▶ 點選「內置塊／控制」的「如果…則」，放入「猜拳結果」程序內。

Step 2 ▶ 如果「玩家出拳」= 2，表示玩家出拳為石頭。

Step 3 ▶ 點選「內置塊／控制」的「如果…否則如果…否則」模塊。

Step 4 ▶ 如果「電腦出拳」= 1（剪刀）時，設標籤「勝負結果.文字」為「玩家勝！」。

Step 5 ▶ 否則如果「電腦出拳」= 2（石頭）時，設標籤「勝負結果.文字」為「平手！」。

Step 6 ▶ 否則表示電腦出拳為 3（布），設標籤「勝負結果．文字」為「玩家輸！」。

七、玩家出布時的勝負結果

Step 1 ▶ 點選「內置塊／控制」的「如果…則」，放入「猜拳結果」程序內。

Step 2 ▶ 如果「玩家出拳」= 3，表示玩家出拳為布。

Step 3 ▶ 點選「內置塊／控制」的「如果…否則如果…否則」模塊。

Step 4 ▶ 如果「電腦出拳」= 1（剪刀）時，設標籤「勝負結果．文字」為「玩家輸！」。

Step 5 ▶ 否則如果「電腦出拳」= 2（石頭）時，設標籤「勝負結果．文字」為「玩家勝！」。

Step 6 ▶ 否則表示電腦出拳為 3（布），設標籤「勝負結果.文字」為「平手！」。

八、設定剪刀、石頭、布按鈕動作

Step 1 ▶ 點選「水平配置1／剪刀」的「當 剪刀.被點選 執行」模塊。

Step 2 ▶ 設置變數玩家出拳為「1」。

Step 3 ▶ 點選「內置塊／程序」的「呼叫 猜拳結果」模塊，放入的「當剪刀.被點選」模塊內。

Step 4 ▶ 依上述方法完成「當石頭.被點選」及「當布.被點選」程式模塊。

Chapter 8 課後習題

( ) 1. 當變數 X = 72 時,「標籤 1」的顯示結果為下列哪一項?

(A) 丙　　　(B) 甲　　　(C) 乙　　　(D) 丁。

( ) 2. 要在 App 畫面顯示條列式的選單,可以使用什麼組件?
　(A) 圖像　　　　　　　(B) 清單顯示器
　(C) 標籤　　　　　　　(D) 按鈕。

( ) 3. 在程式設計介面有重複的積木時,可以使用什麼功能加速建置?
　(A) 刪除程式方塊　　　(B) 折疊程式方塊
　(C) 停用程式方塊　　　(D) 複製程式方塊。

( ) 4. 如下圖所示之程式碼,此程序(副程式)的執行結果為下列哪一項?

(A) 15　　　(B) 3　　　(C) 5　　　(D) 3*5。

(　　) 5. 關於下方內建積木中 A 數值與 B 數值的敘述，何者正確？

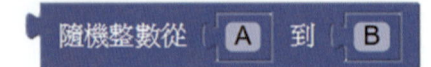

(A) A 與 B 填入正數、負數均可
(B) A 與 B 只可以填入 0 或正數
(C) A 可以填入負數，B 只可以填入正數
(D) A 數值必須比 B 數值小。

(　　) 6. 如下圖所示之程式碼，當按下「按鈕1」後，「標籤1」的顯示結果為下列哪一項？

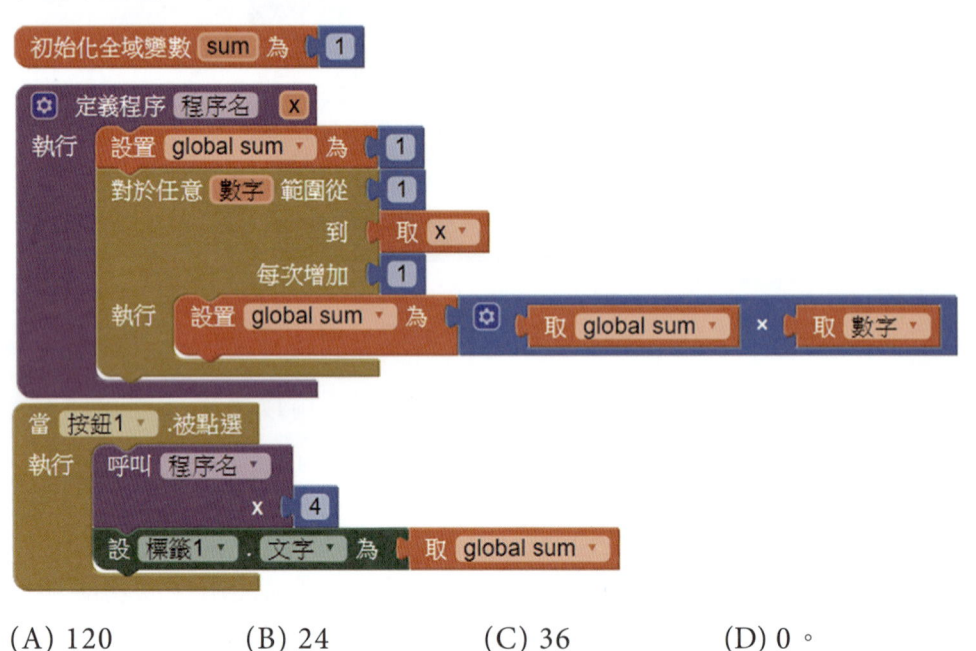

(A) 120　　　(B) 24　　　(C) 36　　　(D) 0。

(　　) 7. 變數 X 的值為下列哪一項時，「標籤1」組件會顯示「OK」？

(A) Mac　　　(B) asus　　　(C) mi　　　(D) dall。

(　　) 8. 如下圖所示之程式碼，當按下「按鈕1」後，「標籤1」的顯示結果為下列哪一項？

(A) 2　　　　(B) 4　　　　(C) 1　　　　(D) 3。

(　　) 9. 如下圖所示之程式碼，當按下「按鈕1」後，「標籤1」的顯示結果為下列哪一項？

(A) 1　　　　(B) 3　　　　(C) 2　　　　(D) 4。

(　　) 10. 如下圖所示之程式碼，當按下「按鈕1」後，「標籤1」的顯示結果為下列哪一項？

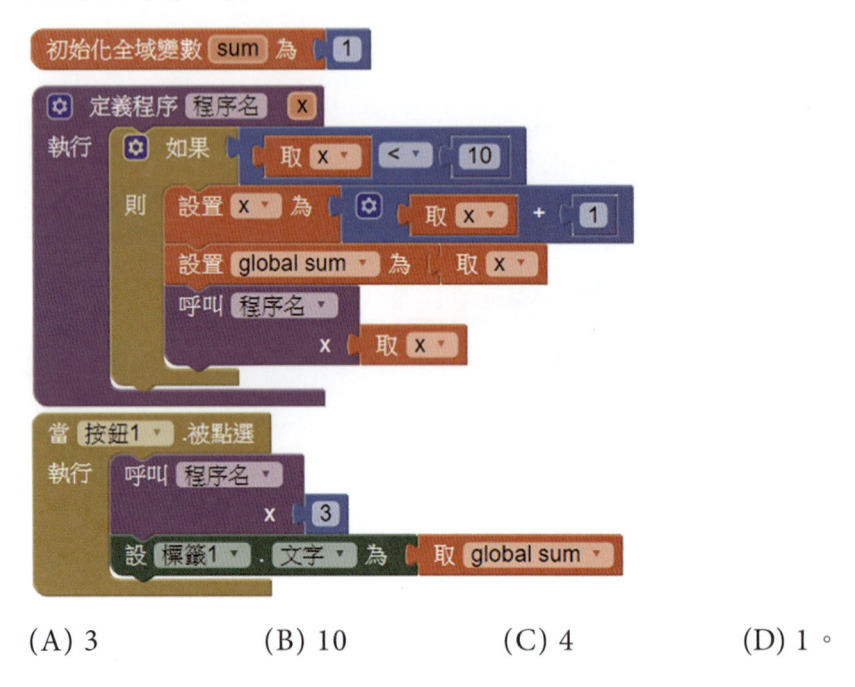

(A) 3　　　　(B) 10　　　　(C) 4　　　　(D) 1。

(　　) 11. 如下圖所示之程式碼，當按下「按鈕1」後，程序共執行幾次？

(A) 7　　　　(B) 8　　　　(C) 6　　　　(D) 1。

Chapter 8 猜拳遊戲

(　　)12.如下圖所示之程式碼，當按下「按鈕1」後，「標籤1」的顯示結果為下列哪一項？

(A) e　　　　(B) olleh　　　　(C) Hello　　　　(D) H。

(　　)13.如下圖所示之程式碼，當按下「按鈕1」後，「文字輸入盒1」的顯示結果為下列哪一項？

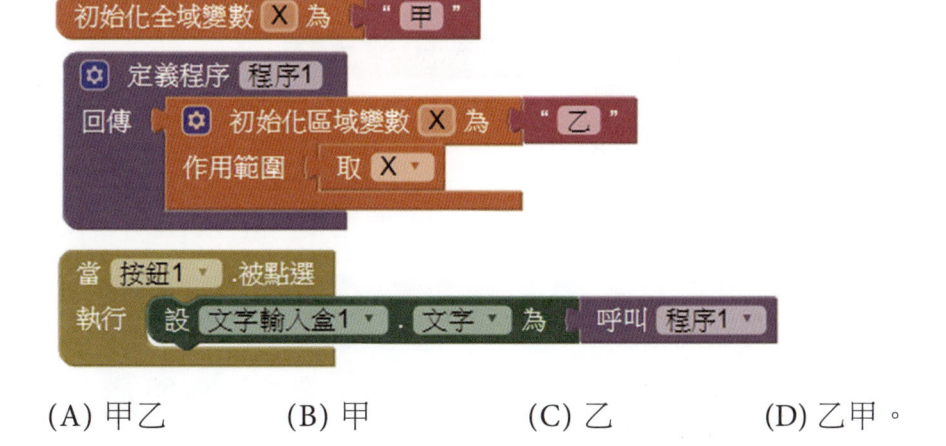

(A) 甲乙　　　(B) 甲　　　　(C) 乙　　　　(D) 乙甲。

139

(　　) 14. 下列哪一項的運算結果是「true」？

(A)  [45 < 60]

(B)  [文字比較 "bee" < "apple"]

(C)  [文字比較 "bee" = "apple"]

(D)  [假] 。

(　　) 15. 如下圖所示之程式碼，當按下「按鈕1」後，「按鈕1」的顯示結果為下列哪一項？

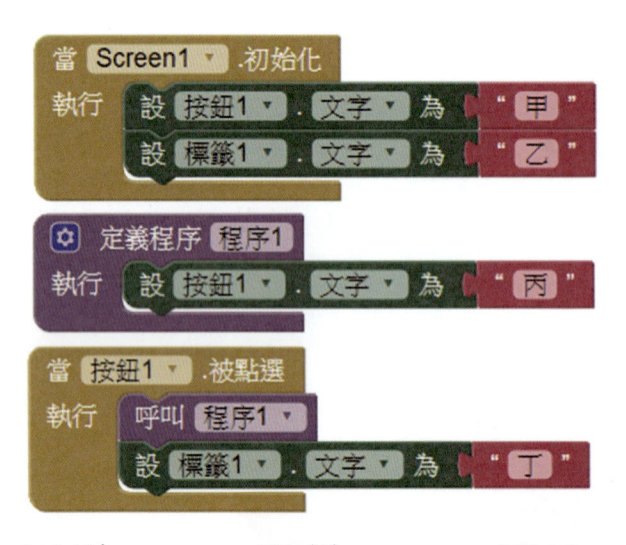

(A) 丙　　　(B) 甲　　　(C) 乙　　　(D) 丁。

(　　) 16. 變數 X 的值為下列哪一項時，「標籤1」組件會顯示「OK」？

(A) 90　　　(B) 55　　　(C) 70　　　(D) 60。

( ) 17.如下圖所示之程式碼,當按下「按鈕1」後,「標籤1」的顯示結果為下列哪一項?

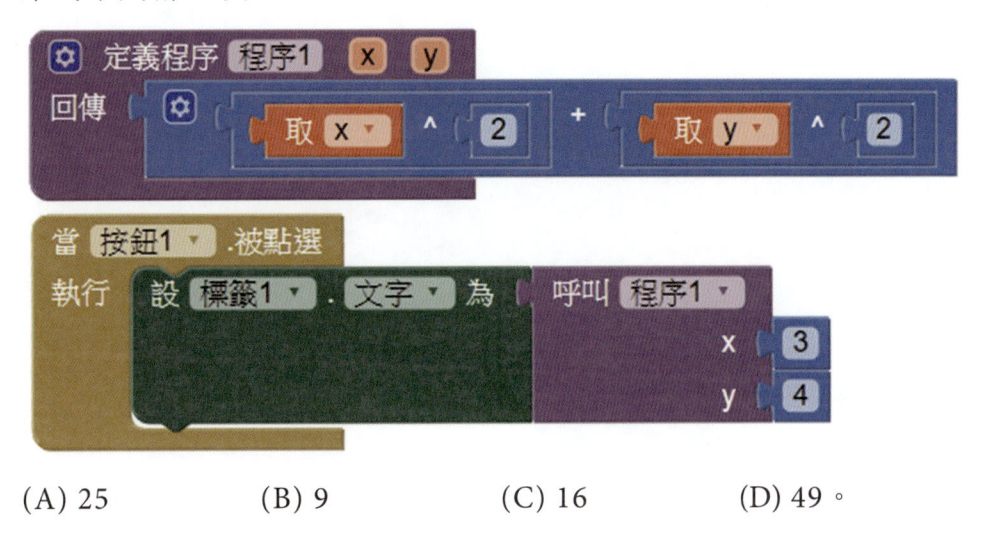

(A) 25　　　(B) 9　　　(C) 16　　　(D) 49。

( ) 18.如下圖所示之程式碼,當按下「按鈕1」後,「標籤1」的顯示結果為哪一項?

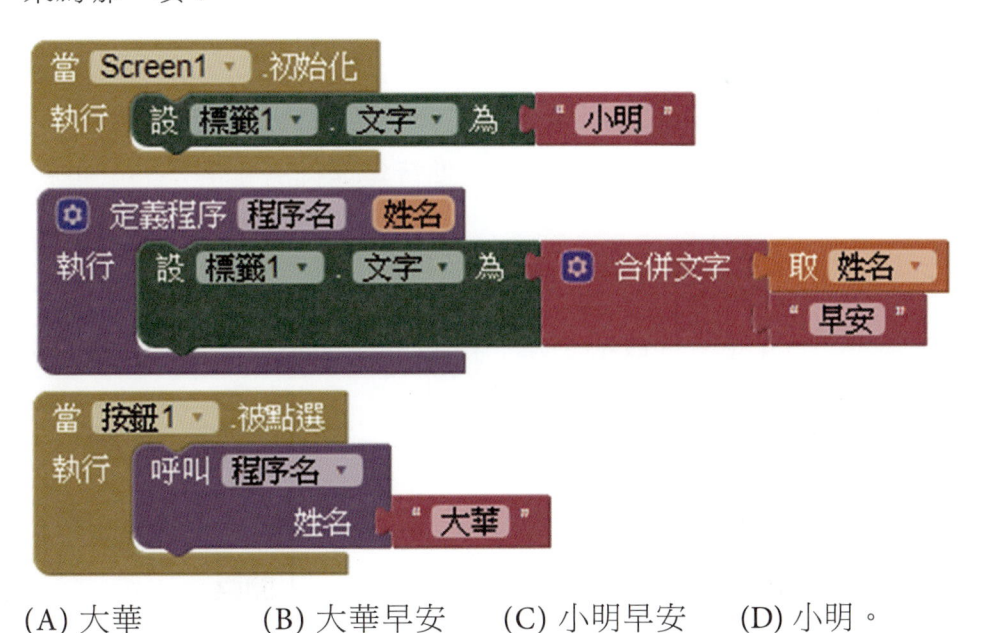

(A) 大華　　(B) 大華早安　(C) 小明早安　(D) 小明。

Chapter 9 樂透開獎

學習重點
學習下拉選單組件應用
學習依下拉選單選擇項設定變數值應用
學習氣泡排序法應用
學習程序的定義與呼叫

9-1 專案說明

　　本單元利用生活中的樂透遊戲來練習清單（陣列）、重複迴圈及排序的應用，挑選大樂透或小樂透後，按下開獎按鈕後，會隨機抽取 6 個號碼，系統隨後會將這 6 個號碼重新由小而大進行氣泡排序。

執行結果

選「大樂透（49 取 6）」	選「小樂透（42 取 6）」
樂透開獎 大樂透(49取6) 開獎 中獎號碼 36,41,48,26,40,7, 號碼排序 7,26,36,40,41,48,	樂透開獎 小樂透(42取6) 開獎 中獎號碼 15,39,41,7,13,3, 號碼排序 3,7,13,15,39,41,

9-2 專案畫面設計

製作「樂透開獎」應用程式時,使用「下拉式選單」來安排大樂透及小樂透的選項,由「開獎」按鈕來進行清單程式編寫。

主畫面配置表

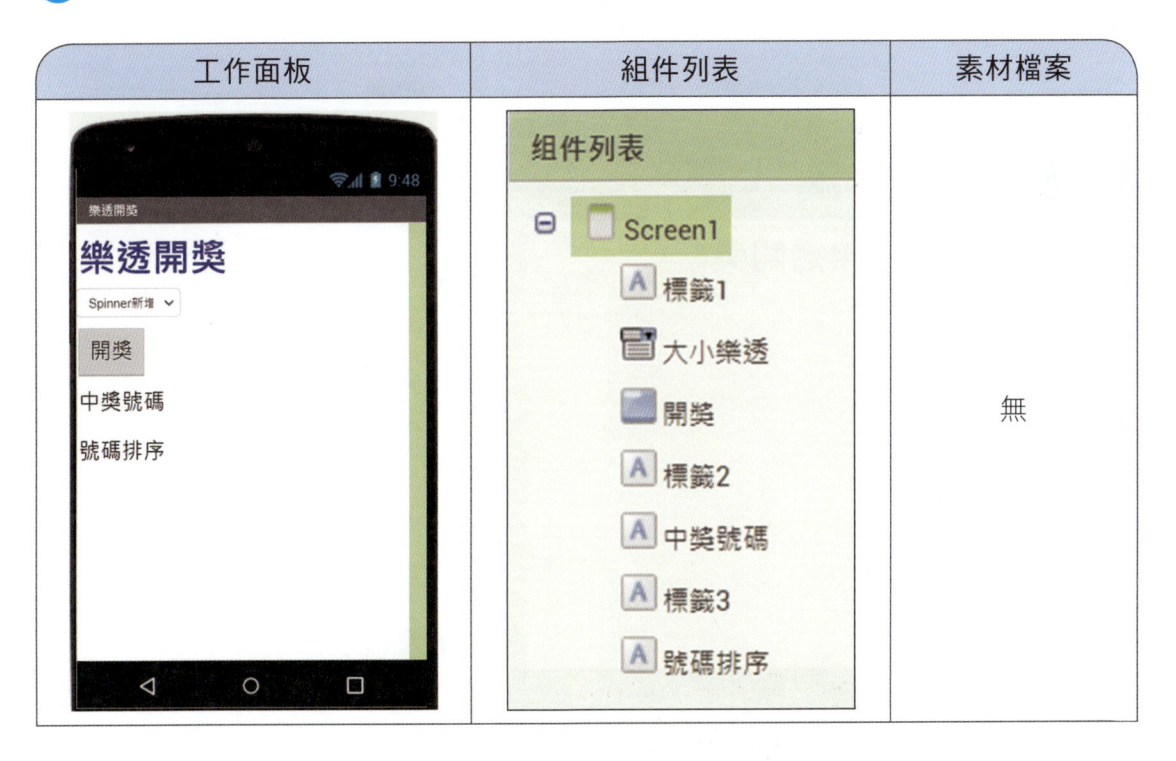

工作面板	組件列表	素材檔案
(樂透開獎畫面:Spinner新增、開獎按鈕、中獎號碼、號碼排序)	Screen1 標籤1 大小樂透 開獎 標籤2 中獎號碼 標籤3 號碼排序	無

一、Screen1 螢幕屬性設定及標題標籤

Step 1 ▶ 新增「lotto」專案。

Step 2 ▶ 點選「組件列表」區「Screen1」組件,設定屬性值:

App 名稱	螢幕方向	標題
樂透開獎	鎖定直式畫面	樂透開獎

143

運算思維與 App Inventor 2 程式設計

Step 3 ▶ 拖曳「使用者介面／標籤」組件到「工作面板」區，設定屬性值：

粗體	字體大小	文字	文字顏色
勾選	40	樂透開獎	藍色

二、「大小樂透」下拉選單及「開獎」按鈕

Step 1 ▶ 拖曳「使用者介面／下拉式選單」組件到「工作面板」區設定屬性值：

重新命名	元素字串	選中項
大小樂透	大樂透（49 取 6），小樂透（42 取 6）	大樂透（49 取 6）

Chapter 9 樂透開獎

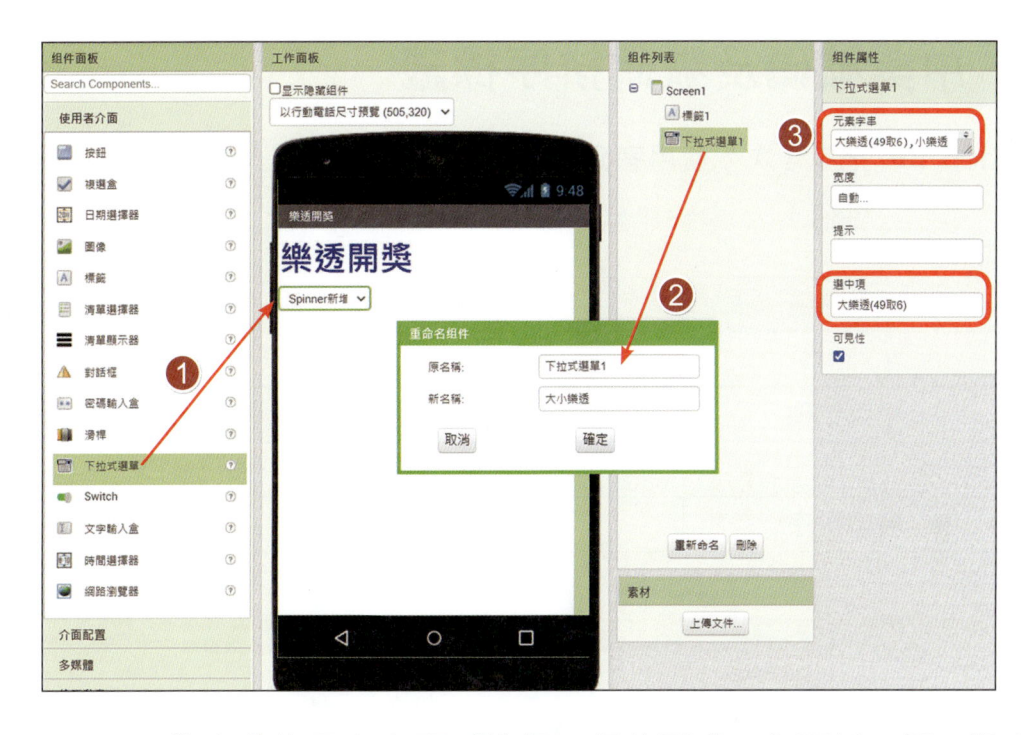

Step 2 ▶ 拖曳「使用者介面／按鈕」組件到「工作面板」區，設定屬性值：

重新命名	字體大小	文字
開獎	24	開獎

三、中獎號碼及號碼排序標籤

Step 1 ▶ 拖曳 4 次「使用者介面／標籤」組件到「工作面板」區，設定屬性值：

重新命名	字體大小	文字
	24	中獎號碼
中獎號碼	24	空白
	24	號碼排序
號碼排序	24	空白

9-3 專案程式設計

抽取號碼的技巧為使用清單的來進行抽號、排序動作。

清單

介紹過使用變數來存放資料，變數可以存放數字或文字資料，但是若遇到有大量資料時，若是使用大量的變數時，在程式的撰寫就會相當沒有效率，而且容易出錯。這時往往就會改用清單來處理。

其實是一群變數的組合，清單中的每一個資料稱為「清單項」（就是一個變數），透過清單的索引值（編號），就可以找到清單中的指定清單項。

把清單視為一長串的盒子，所有盒子均有連續的編號，當資料儲存在盒子內時，只要指定盒子的編號（索引值）就可以存取該盒子的資料。

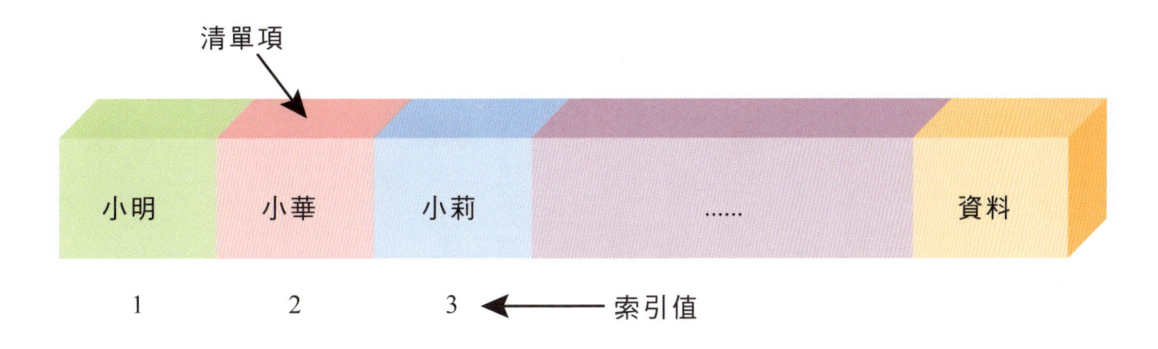

下拉式選單組件

下拉式選單組件可以將選項呈現在選單中，常用的屬性有：

屬性	說明
元素	設定清單為顯示資料選項。
元素字串	設定字串為顯示資料選項。
選中項	選取的項目。
選中項索引	選取的項目索引編號。

氣泡排序法

　　演算法是將一群資料（文字或數字等），依照指定的規則排列的方法，例如讓小朋友依身高由短到高排隊。在排序演算法中最常使用的是「氣泡演算法」，讓小朋友先排好一列，再由最後一位開始，將相鄰二人比較身高，高的往後站、矮的向前站，逐一比較並交換位置；這種兩兩比較、交換位置的排序方法，就是「氣泡排序法」的概念。

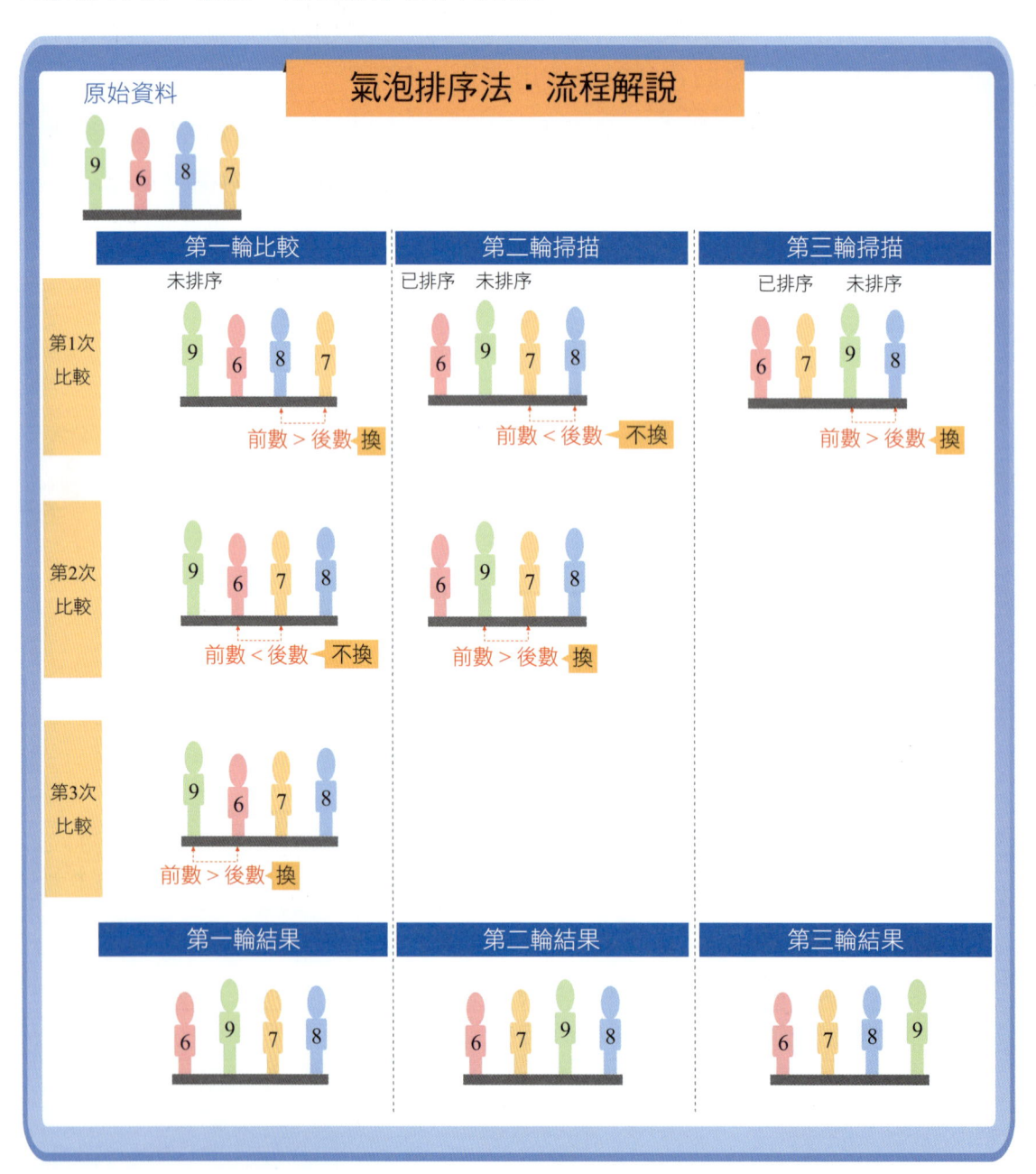

148

Chapter 9 樂透開獎

一、設定「樂透號碼數」、「暫存」及「取用」變數

Step 1 ▶ 按「程式設計」鈕進入程式設計介面。

Step 2 ▶ 宣告「樂透號碼數」變數初始值為「49」。

Step 3 ▶ 宣告「取號」變數、「暫存」變數初始值為「0」

Step 4 ▶ 宣告「全部號碼」變數、「開獎號碼」變數為「內置塊／清單」的「建立空清單」。

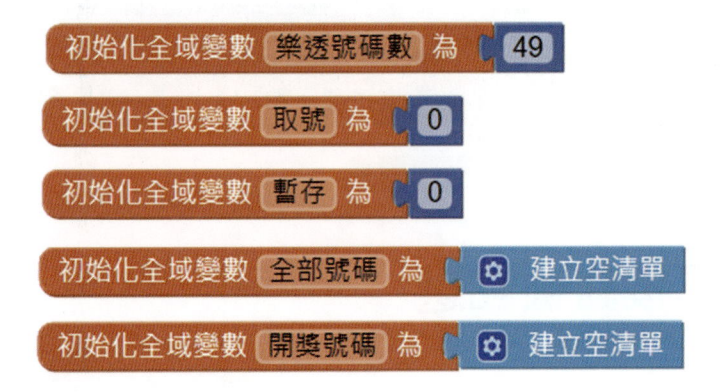

二、依大小樂透選擇項設定變數值

Step 1 ▶ 點選「Screen1／大小樂透」組件的「當 大小樂透.選擇完成 選擇項 執行」模塊。

149

Step 2 ▶ 如果大小樂透.選中項索引等於 1，表示選了大樂透（49 取 6），則設置樂透號碼數變數為 49。

Step 3 ▶ 如果大小樂透.選中項索引等於 2，表示選了小樂透（42 取 6），則設置樂透號碼數變數為 42。

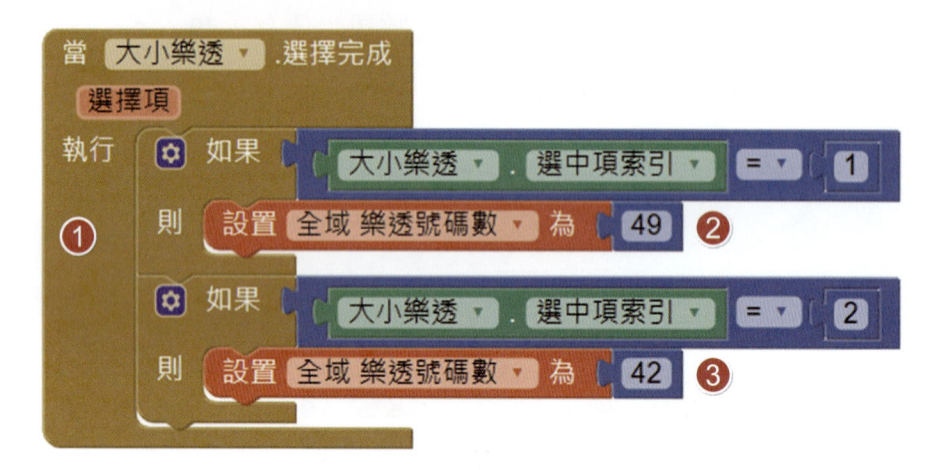

三、當開獎按鈕被點選

Step 1 ▶ 點選「Screen1／開獎」組件的「當 開獎.被點選 執行」模塊。

Step 2 ▶ 設置「全部號碼」變數、「開獎號碼」變數為「建立空清單」。

Step 3 ▶ 設置「取號」變數為數字「0」。

Step 4 ▶ 設「中獎號碼.文字」為「空白」、設「號碼排序.文字」為「空白」。

四、將全部號碼放入「全部號碼」清單中

此處的技巧是使用變數樂透號碼數,當大樂透時數值為 49、小樂透時數值為 42。可以不用相同的程式編寫 2 次,增加程式撰寫效率。

Step 1 ▶ 點選「內置塊／控制」的「 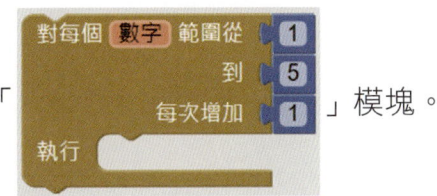　　　　」模塊。

Step 2 ▶ 將「樂透號碼數」變數值放入「到」的輸入項。

Step 3 ▶ 點選「內置塊／清單」的「 　　　　」模塊。

Step 4 ▶ 將「全部號碼」變數值放「清單」輸入項。

Step 5 ▶ 滑鼠移到每個「數字」處,點選「取數字」變數值,放入「item」輸入項。

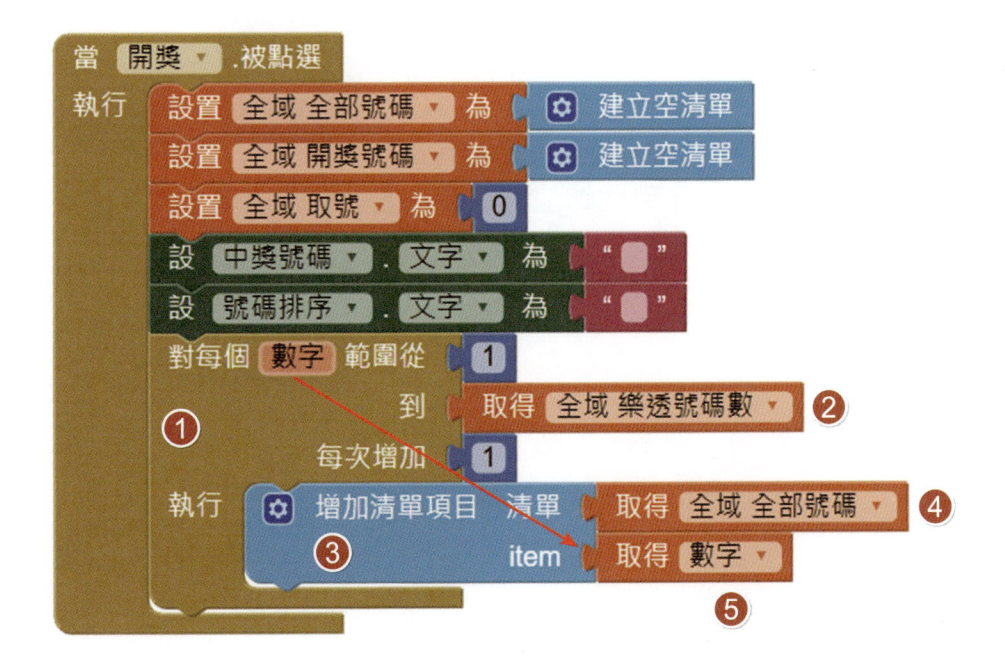

151

五、抽取開獎號碼放入「開獎號碼」清單

由全部號碼中抽取 6 個號碼，每次隨機抽取一個號碼，放入「開獎號碼」清單，然後將該號碼由「全部號碼」清單中刪除（就不會再抽到）。

Step 1 ▶ 點選「內置塊／控制」的「對每個 數字 範圍從 1 到 5 每次增加 1 執行」模塊。

Step 2 ▶ 將「到」的輸入項改為「6」。

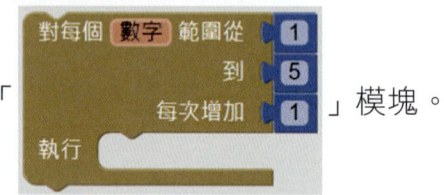

Step 3 ▶ 隨機由「全部號碼」清單選取清單項，放入「取號」變數中。

Step 4 ▶ 點選「內置塊／清單」的「增加清單項目 清單 項目」模塊。

Step 5 ▶ 將「開獎號碼」變數值放入「清單」輸入項，將「取號」變數值放入「item」輸入項。

Step 6 ▶ 點選「內置塊／清單」的「刪除清單中的第 個項目」模塊。

Step 7 ▶ 將「全部號碼」變數值放入「刪除清單」輸入項。

Step 8 ▶ 點選「內置塊／清單」的「求對象 在清單 中的索引值」模塊。

Step 9 ▶ 將「取號」變數值放入「求對象」輸入項，將「全部號碼」變數值放入「在清單」輸入項。

六、顯示中獎號碼標籤文字

Step 1 ▶ 點選「Screen1／中獎號碼」的「設中獎號碼.文字為」模塊。

Step 2 ▶ 輸入項放入合併文字【「中獎號碼.文字」+「取號」變數值 +「,」文字】。

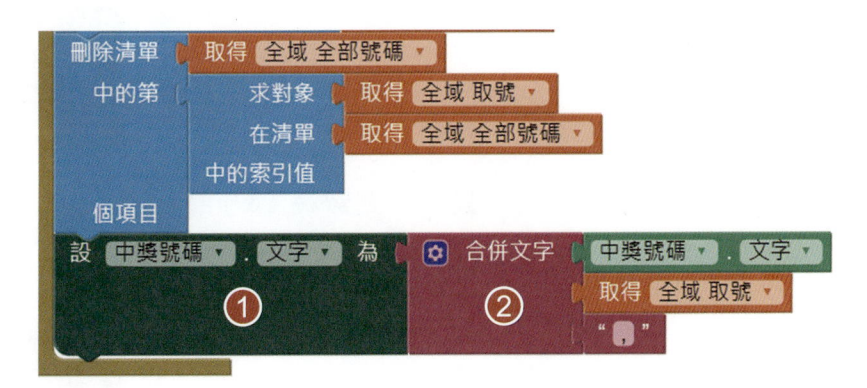

七、定義「號碼氣泡排序」程序

　　定義「號碼氣泡排序」程序，將中獎的號碼以「氣泡排序法」由小到大排序，由第 1 個號碼和第 2 個號碼比較，將小的號碼往前移、大的號碼往後挪，依次類推，其中的技巧是必須有一個暫存的變數來配合號碼的交換。

Step 1 ▶ 點選「內置塊／過程」的「 ___ 」模塊，重新命名為「號碼氣泡排序」。

Step 2 ▶ 加入「號碼排序.文字」為「空白」。

八、氣泡排序的雙層迴圈

Step 1 ▶ 外層迴圈部分，點選「內置塊／控制」的「 ___ 」模塊，重新命名「數字」變數為「x」。

Step 2 ▶ 將「到」輸入項改為【「開獎號碼」清單的長度 −1】。

Step 3 ▶ 內層迴圈部分，點選「內置塊／控制」的「 ___ 」模塊，放在外層「執行」區塊內，重新命名「數字」變數為「y」。

Step 4 ▶ 將「到」輸入項改為【「開獎號碼」清單的長度 – 變數 x 值】。

九、判斷號碼的大小

Step 1 ▶ 點選「內置塊／流程控制」的「如果」模塊。

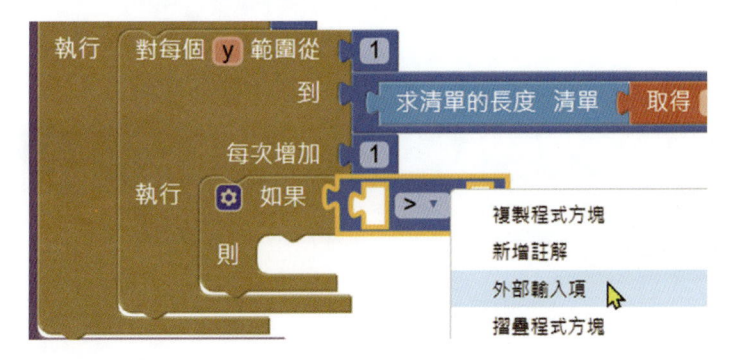

Step 2 ▶ 點選「內置塊／數學」的「　　　　」模塊，更改選項為「＞」。按滑鼠右鍵選「外部輸入項」。

Step 3 ▶ 判斷是否【「開獎號碼」第 y 項清單值＞「開獎號碼」第（y+1）項清單值】

十、小的號碼往前移、大的號碼往後移

若是「開獎號碼」清單的第 y 項＞第（y+1）項時，就要二數進行交換。

Step 1 ▶ 先將「開獎號碼」清單第 y 項值放入「暫存」變數。

Step 2 ▶ 再將「開獎號碼」清單（第 y+1）項值取代「開獎號碼」第 y 項。

Step 3 ▶ 再將「暫存」變數值取代「開獎號碼」清單第 y 項。

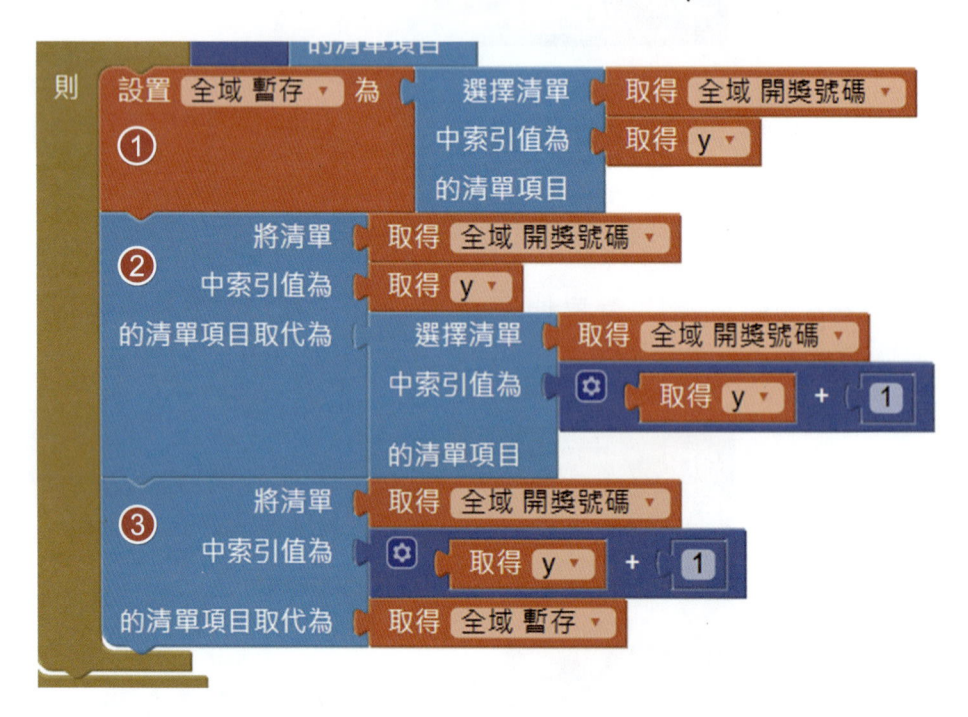

十一、顯示排序後的排序號碼標籤

Step 1 ▶ 點選「內置塊／控制」的「　　　　　　」模塊，將「到」的插入項改為「6」。

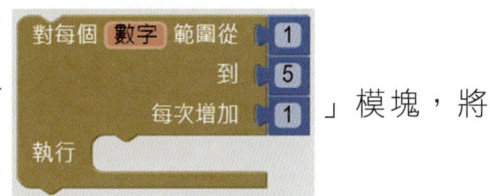

Step 2 ▶ 加入「設號碼排序.文字為」模塊。

Step 3 ▶ 加入合併文字【「號碼排序.文字」+「開獎號碼」清單數字項」+「,」】。

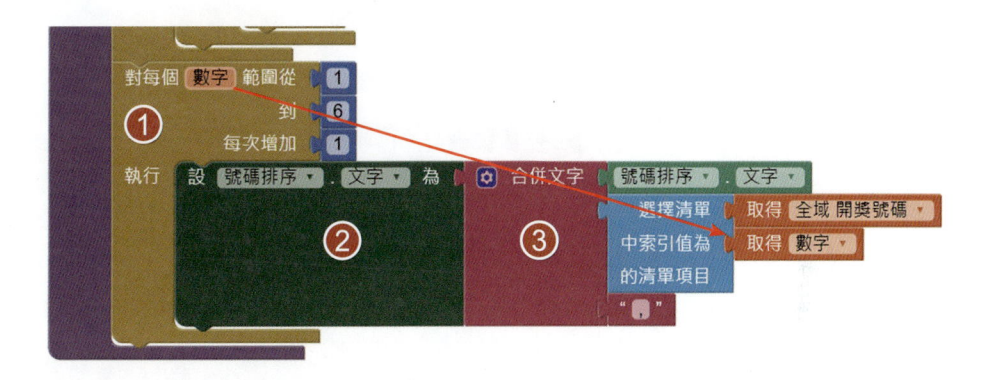

十二、在「開獎」按鈕中加入呼叫「號碼氣泡排序」程序

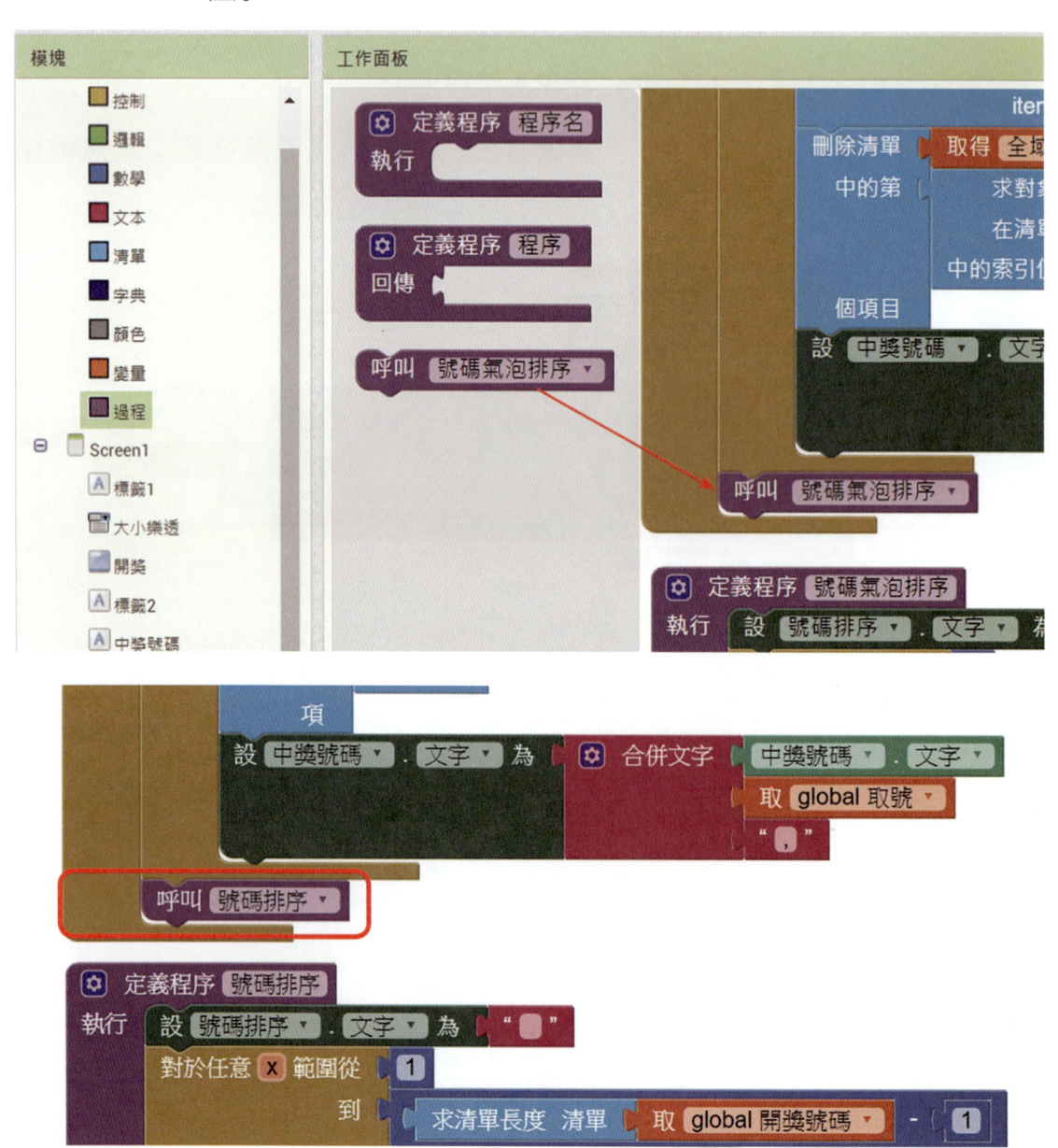

Step 1 ▶ 回到「當 開獎.被點選 執行」的程式碼，加入「呼叫 號碼氣泡排序」程序。

Chapter 9 課後習題

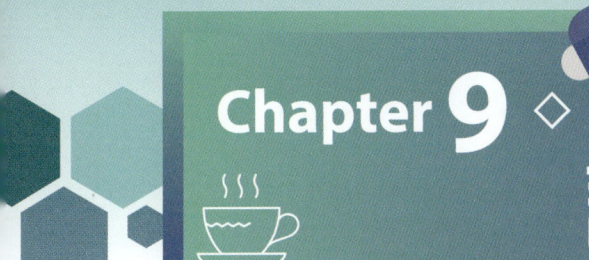

( ) 1. 如下圖所示之程式碼,「標籤1」的顯示結果為下列哪一項?

(A)(甲 乙 丙) (B) 甲 (C) 乙 (D) 丙。

( ) 2. 如下圖所示之程式碼,「標籤1」的顯示結果為下列哪一項?

(A) 丙 (B) 甲 (C) 乙 (D)(甲 乙 丙)。

( ) 3. 如下圖所示之程式碼,迴圈指令一共會執行幾次?

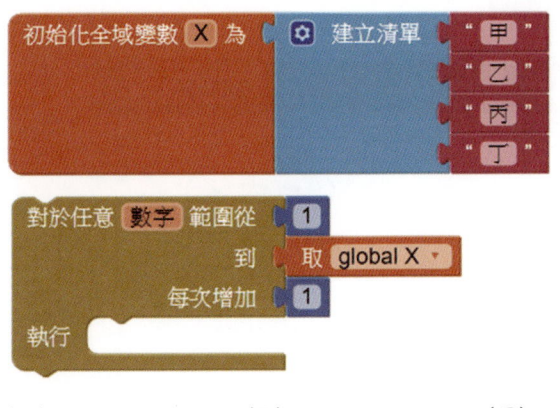

(A) 6 (B) 3 (C) 5 (D) 4。

( ) 4. 如下圖所示之程式碼,當按下「按鈕1」後,「標籤1」的顯示結果為下列哪一項?

(A) (甲 乙 丙 丁)　　　　　　(B) (丙 乙 甲 丁)
(C) 丁丙乙甲　　　　　　　　(D) 甲乙丁丙。

( ) 5. 如下圖所示之程式碼,當按下「按鈕1」後,「標籤1」的顯示結果為下列哪一項?

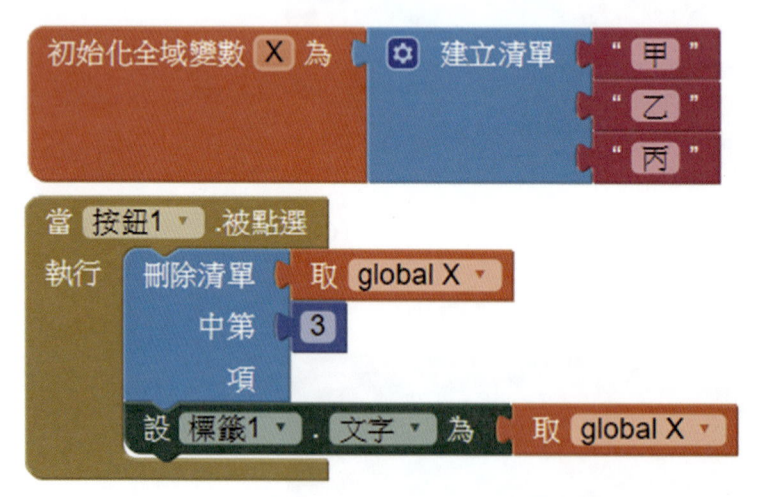

(A) (甲 乙)　　　　　　　　(B) (丙 乙)
(C) (乙 丙)　　　　　　　　(D) (甲 丙)。

(　　) 6. 如下圖所示之程式碼，當按下「按鈕1」後，「標籤1」的顯示結果為下列哪一項？

(A) (甲 乙 丙 丁)　　　　　　(B) (甲 乙 丁)
(C) (丁 乙 甲)　　　　　　　(D) (丁 丙 乙 甲)。

(　　) 7. 如下圖所示之程式碼，當按下「按鈕1」後，「標籤1」的顯示結果為下列哪一項？

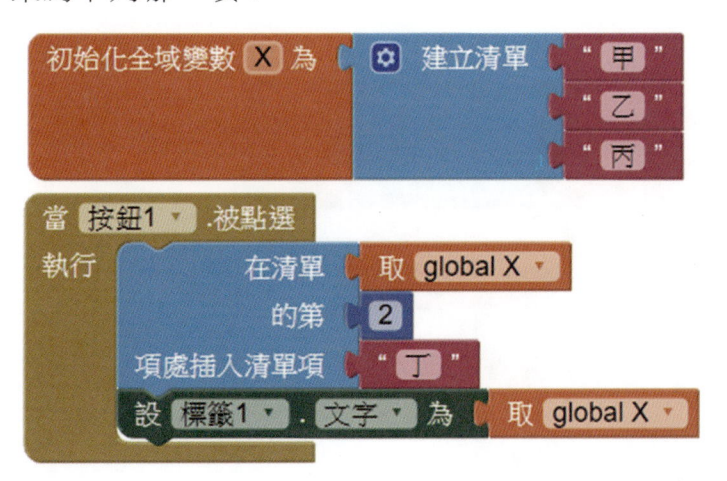

(A) (甲 乙 丁 丙)　　　　　　(B) (甲 丁 乙 丙)
(C) (甲 丁 丙)　　　　　　　(D) (甲 乙 丁)。

(　　) 8. 如下圖所示之程式碼，當按下「按鈕1」後，「標籤1」的顯示結果為下列哪一項？

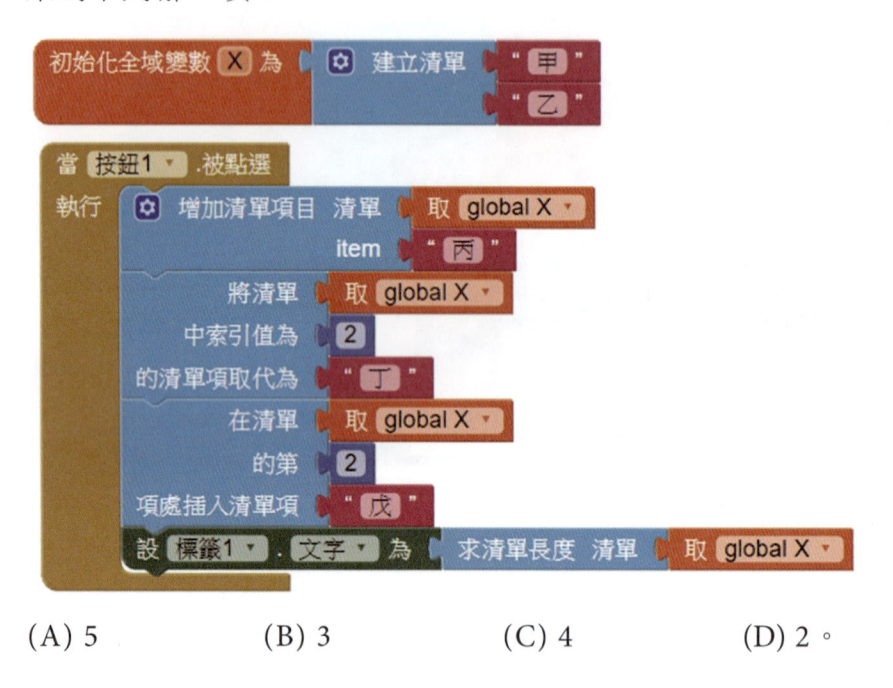

(A) 5　　　　(B) 3　　　　(C) 4　　　　(D) 2。

(　　) 9. 如下圖所示之程式碼，當按下「按鈕1」後，「標籤1」的顯示結果為下列哪一項？

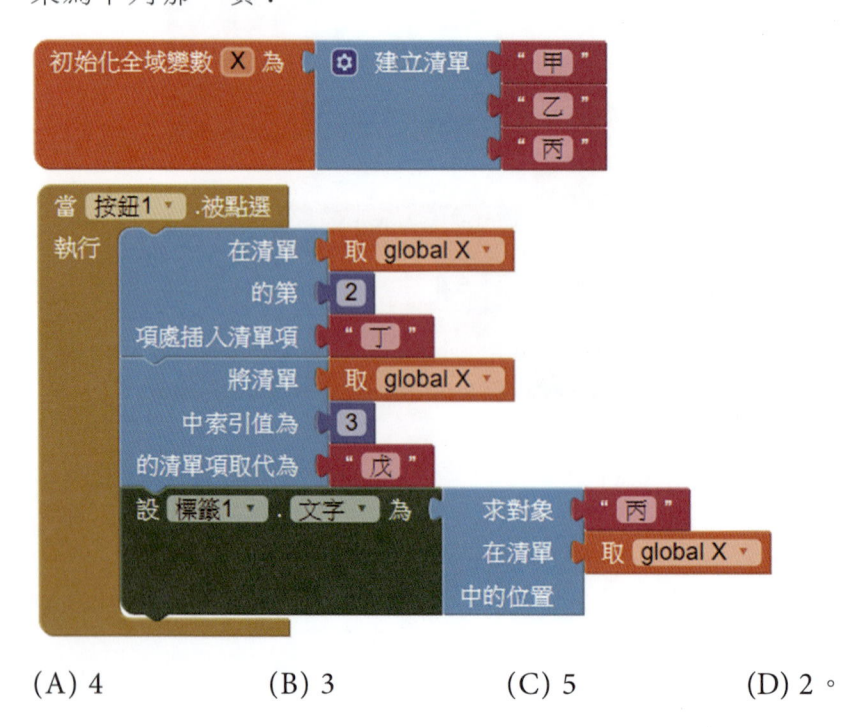

(A) 4　　　　(B) 3　　　　(C) 5　　　　(D) 2。

(　　) 10. 如下圖所示之程式碼，當按下「清單選擇器1」後，共有幾個選項可以選擇？

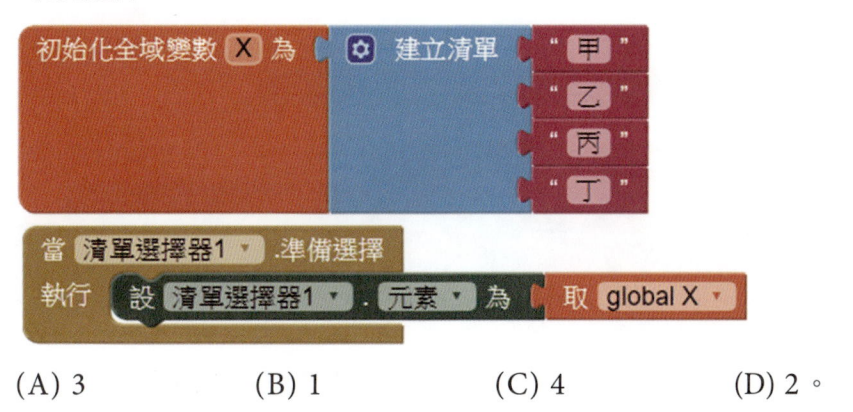

(A) 3　　　(B) 1　　　(C) 4　　　(D) 2。

(　　) 11. 如下圖所示之程式碼，當按下「按鈕1」後，「標籤1」的顯示結果為下列哪一項？

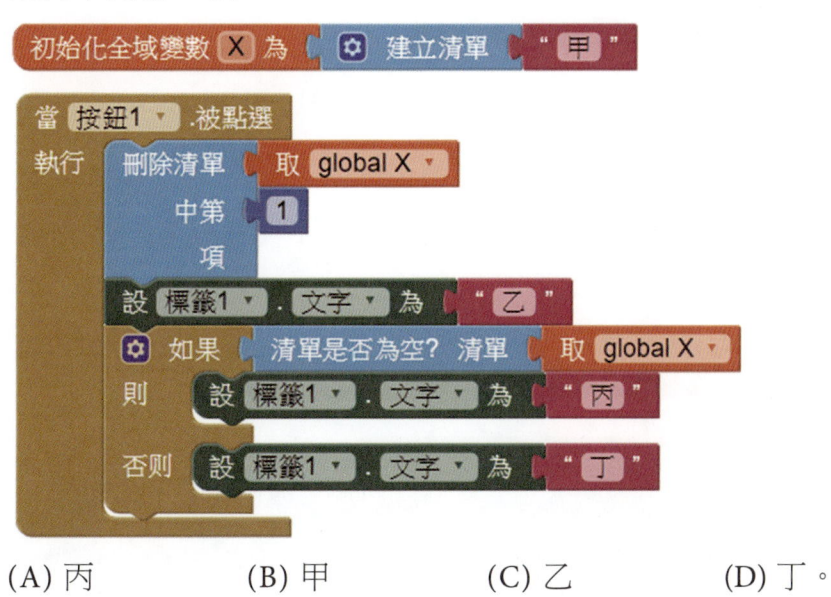

(A) 丙　　　(B) 甲　　　(C) 乙　　　(D) 丁。

(　　) 12. 變數 X 的值為下列哪一項時，「標籤1」組件會顯示「OK」？

(A) dinner　　(B) abcd　　(C) banner　　(D) zoom。

13. (D) (10 20 30 40)
14. (D) (20 40 30 10)

（　）15. 如下圖所示之程式碼，當按下「按鈕1」後，「標籤1」的顯示結果為下列哪一項？

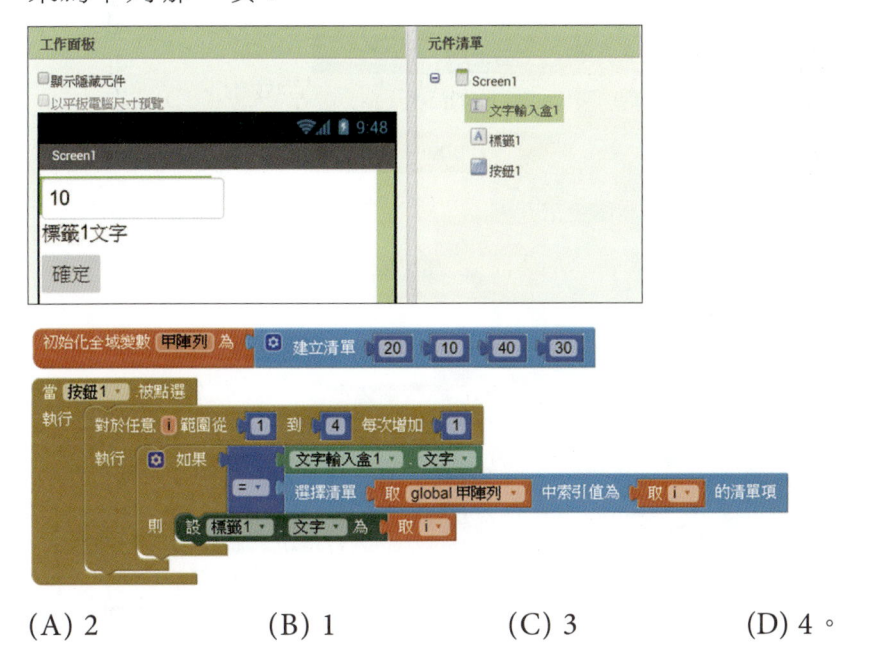

(A) 2　　　　(B) 1　　　　(C) 3　　　　(D) 4。

（　）16. 如下圖所示之程式碼，當按下「按鈕1」後，「標籤1」的顯示結果為下列哪一項？

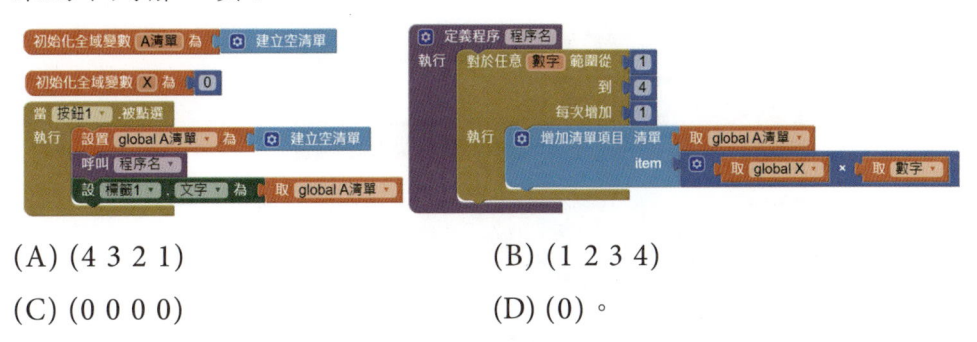

(A) (4 3 2 1)　　　　　　　(B) (1 2 3 4)
(C) (0 0 0 0)　　　　　　　(D) (0)。

（　）17. 如下圖所示之程式碼，當按下「按鈕1」後，「標籤1」的顯示結果為下列哪一項？

(A) (2 3 4 5)　　　　　　　(B) (1 2 3 4)
(C) (4 3 2 1)　　　　　　　(D) (0 0 0 0)。

(　) 18. 如下圖所示之程式碼，當按下「按鈕1」後，「標籤1」的顯示結果為下列哪一項？

(A) (丙乙甲)　(B) (甲乙丙)　(C) (甲)　(D) (丙)。

(　) 19. 如下圖所示之程式碼，當按下「按鈕1」後，「標籤1」的顯示結果為下列哪一項？

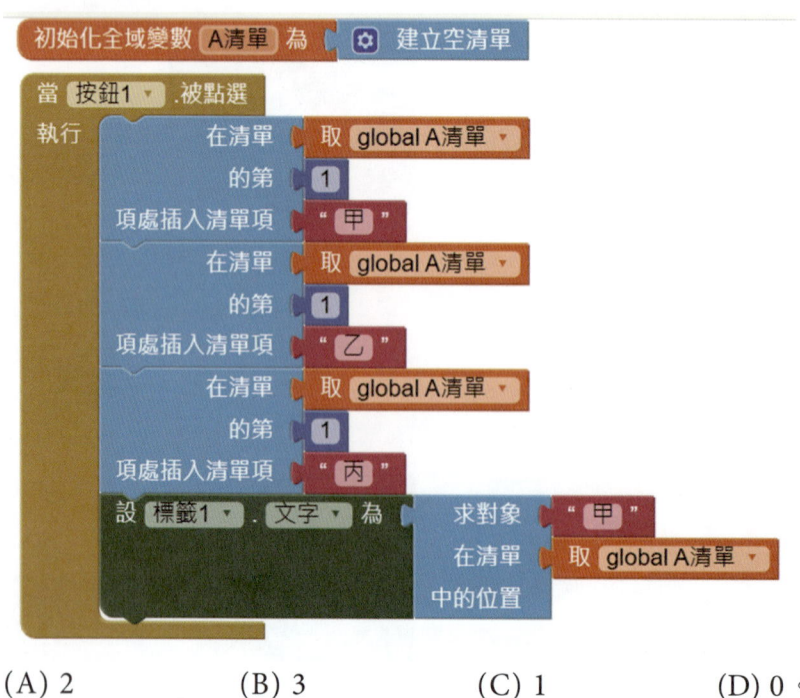

(A) 2　(B) 3　(C) 1　(D) 0。

(　　) 20. 如下圖所示之程式碼，當按下「按鈕1」後，「標籤1」的顯示結果為下列哪一項？

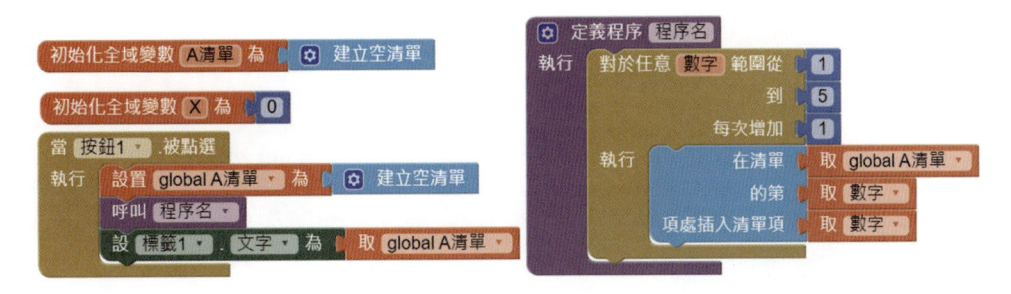

(A) (1 3 5)　　(B) (5 4 3 2 1)　　(C) (1 2 3 4 5)　　(D) (2 4)。

(　　) 21. 如下圖所示之程式碼，當按下「按鈕1」後，「標籤1」的顯示結果為下列哪一項？

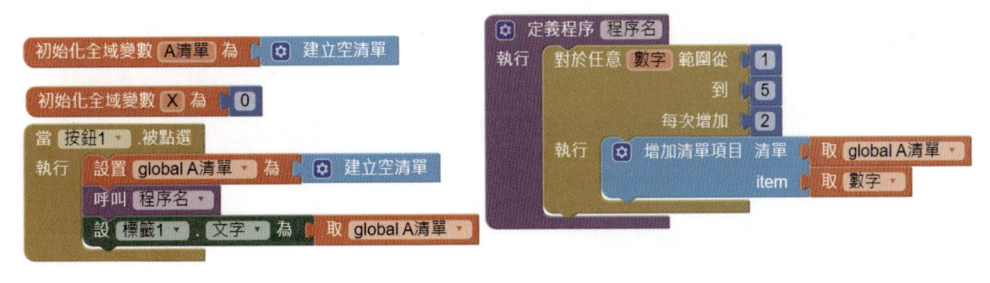

(A) (5 4 3 2 1)　　(B) (1 3 5)　　(C) (1 2 3 4 5)　　(D) (2 4)。

(　　) 22. 如下圖所示之程式碼，當按下「按鈕1」後，「標籤1」的顯示結果為下列哪一項？

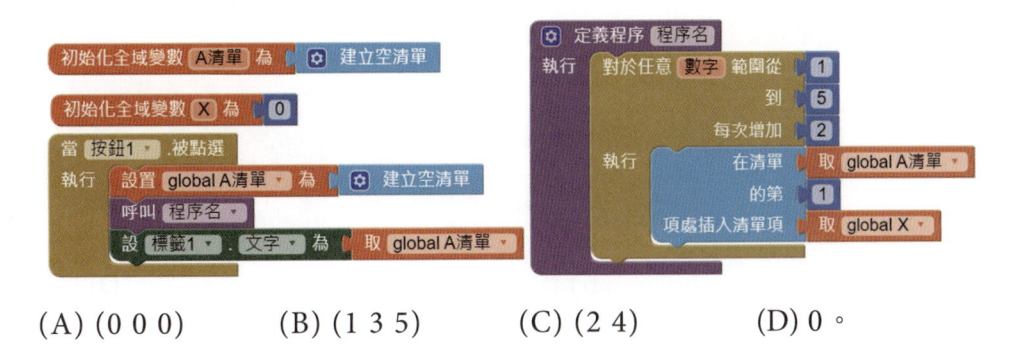

(A) (0 0 0)　　(B) (1 3 5)　　(C) (2 4)　　(D) 0。

（　）23. 如下圖所示之程式碼，當按下「按鈕1」後，「標籤1」的顯示結果為下列哪一項？

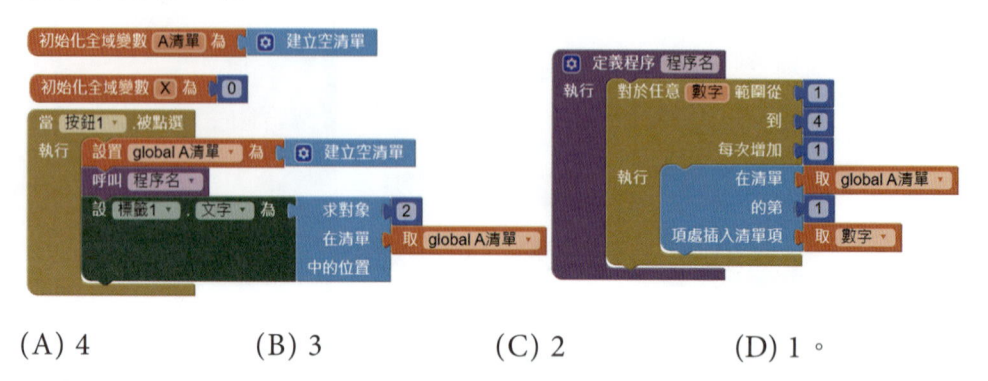

(A) 4　　　(B) 3　　　(C) 2　　　(D) 1。

（　）24. 如下圖所示之程式碼，當按下「按鈕1」後，「標籤1」的顯示結果為下列哪一項？

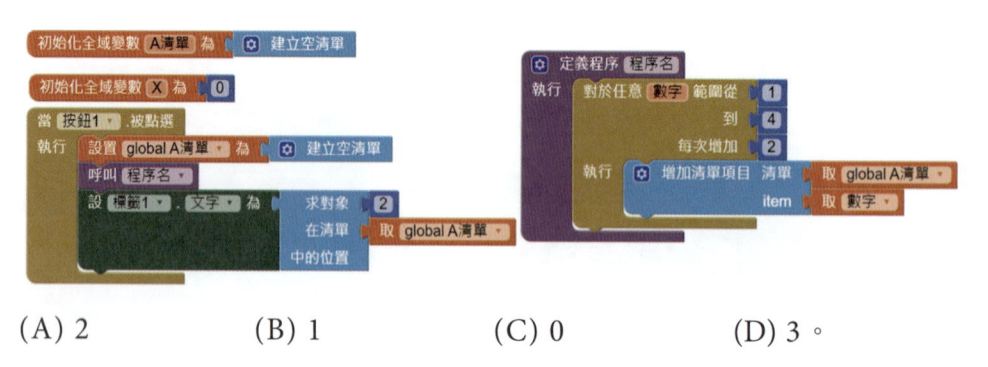

(A) 2　　　(B) 1　　　(C) 0　　　(D) 3。

（　）25. 如下圖所示之程式碼，當按下「按鈕1」後，「標籤1」的顯示結果為下列哪一項？

(A) 2　　　(B) 0　　　(C) 1　　　(D) false。

第三篇 互動程式設計

手機 App 設計最大的特色就是能夠有即時互動的反應，本篇讓我們來探索 App 互動程式的設計。

Chapter 10 ◇ 隨手塗鴉

Chapter 11 ◇ 多媒體應用

Chapter 12 ◇ 組件類別簡介

Chapter 10
隨手塗鴉

學習重點
學習加入畫布組件繪畫應用
學習利用滑桿組件調整畫筆粗細
學習配合顏色按鈕選擇畫筆顏色
學習設計在畫布隨手畫及清除畫面

10-1 專案說明

設計「隨手塗鴉」程式,當手指選擇不同的顏色按鈕時,會改變畫筆顏色,用手指在中央的畫布繪圖時,會依手指移動來畫出線條。

執行結果

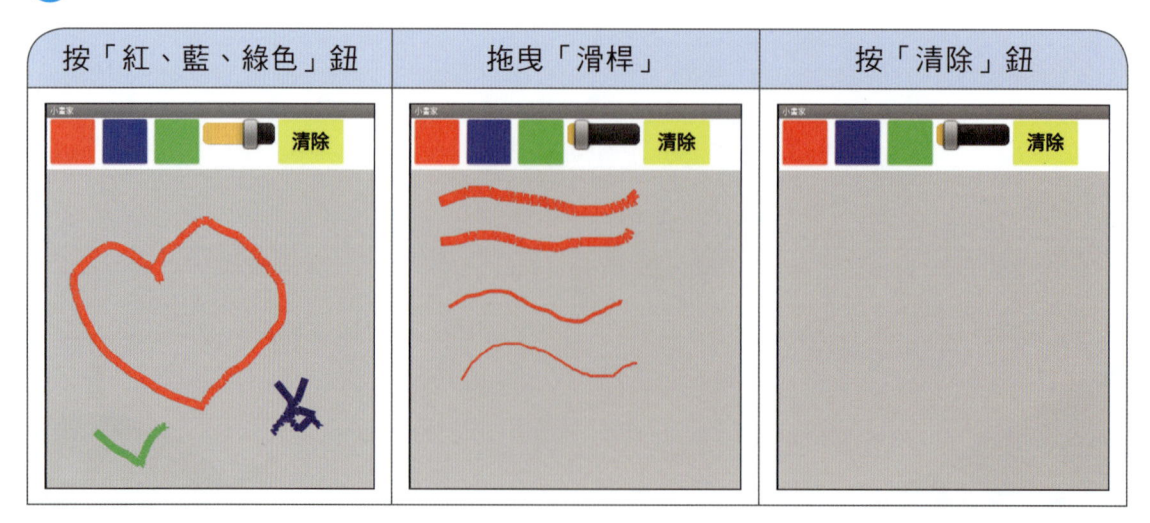

| 按「紅、藍、綠色」鈕 | 拖曳「滑桿」 | 按「清除」鈕 |

10-2 專案畫面設計

製作「隨手塗鴉」應用程式時,使用介面配置的「水平配置」來安排紅鈕、藍鈕、綠鈕及滑桿和清除鈕,另外用畫布來呈現手指畫圖的編排。

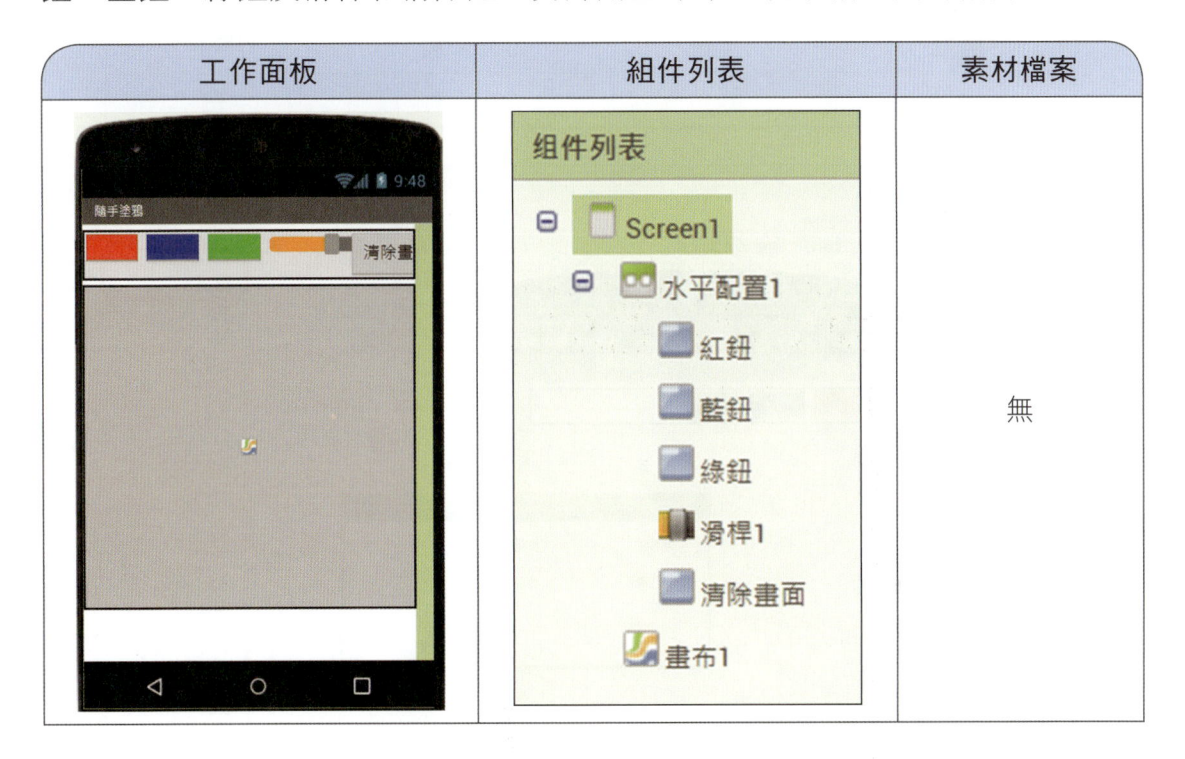

工作面板	組件列表	素材檔案
(手機畫面預覽)	Screen1 └ 水平配置1 　├ 紅鈕 　├ 藍鈕 　├ 綠鈕 　├ 滑桿1 　└ 清除畫面 └ 畫布1	無

一、建立水平配置及紅藍綠色按鈕

Step 1 ▶ 新增「easydraw」專案。

Step 2 ▶ 點選「組件列表」區「Screen1」組件,設定屬性值:

App 名稱	螢幕方向	標題
隨手塗鴉	鎖定直式畫面	隨手塗鴉

Step 3 ▶ 拖曳「介面配置/水平配置」到「工作面板」區,設定屬性值「寬度:填滿」。

Step 4 ▶ 拖曳 3 次「使用者介面／按鈕」到「水平配置 1」處，設定屬性值：

重新命名	背景顏色	寬度	文字
紅鈕	紅色	50 像素	空白
藍鈕	藍色	50 像素	空白
綠鈕	綠色	50 像素	空白

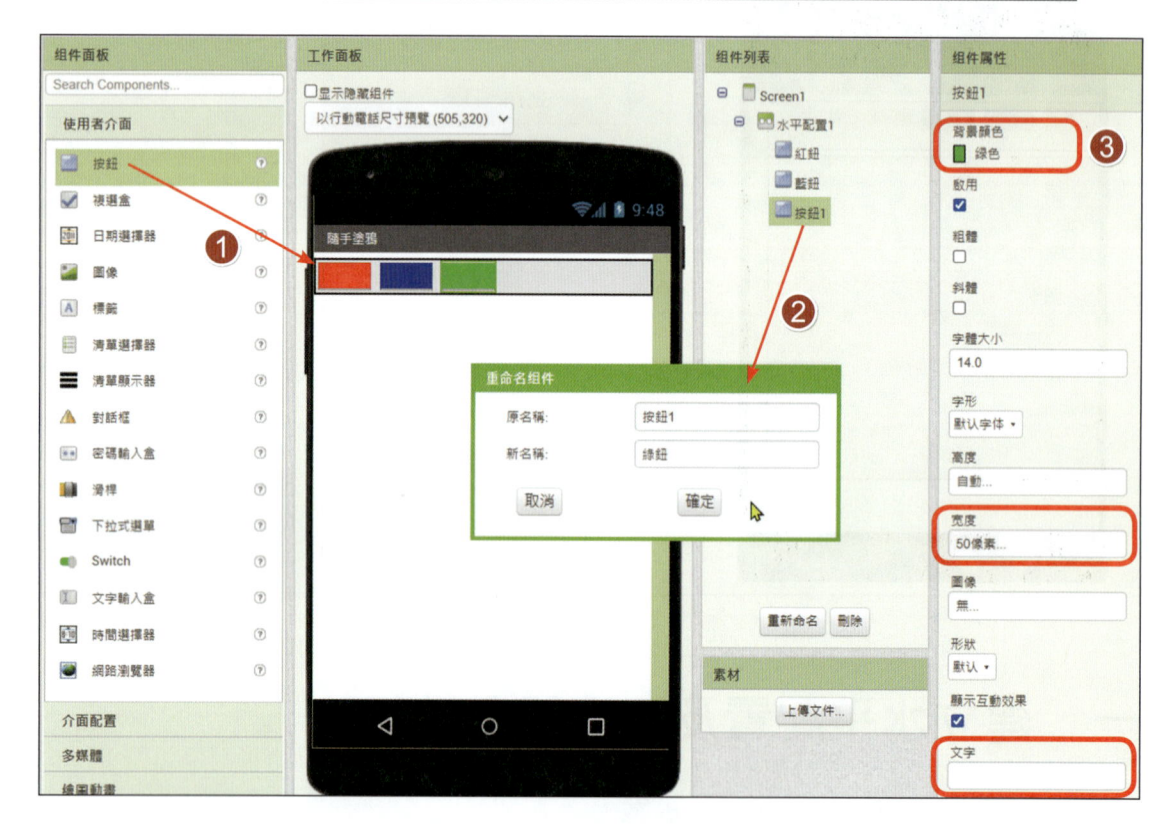

二、調整畫筆粗細的「滑桿」及清除畫面按鈕

Step 1 ▶ 拖曳「使用者介面／滑桿」到「水平配置 1」處，設定屬性值：

寬度	最大值	最小值
70 像素	10	1

隨手塗鴉 Chapter 10

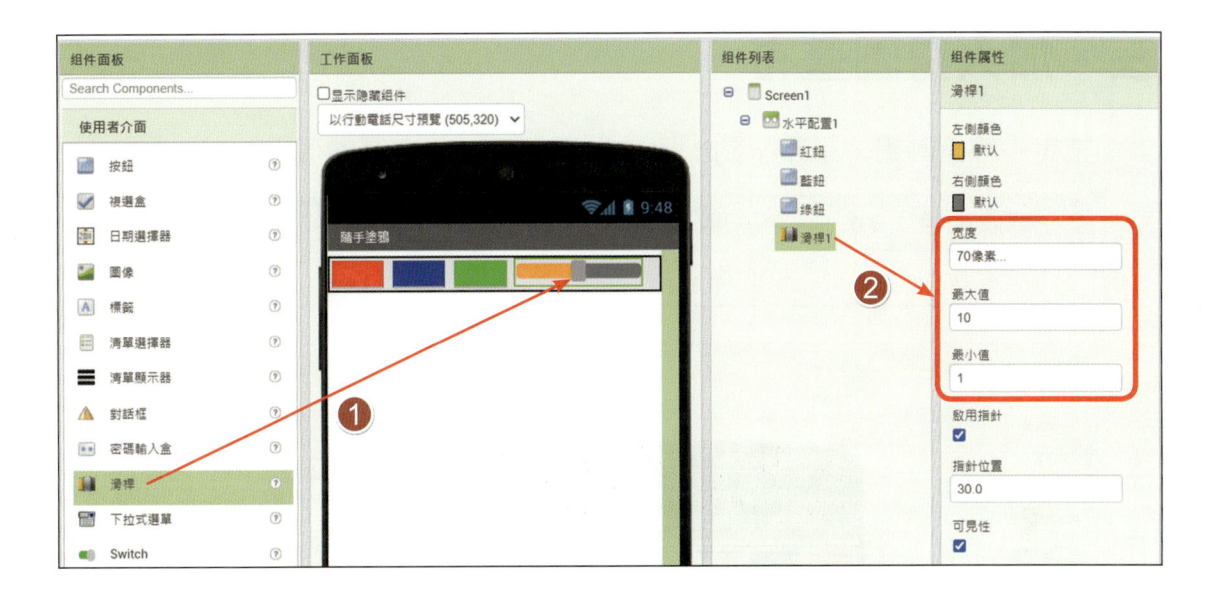

Step 2 ▶ 拖曳「使用者介面／按鈕」到「水平配置 1」處，設定屬性值：

重新命名	字體大小	文字
清除畫面	18	清除畫面

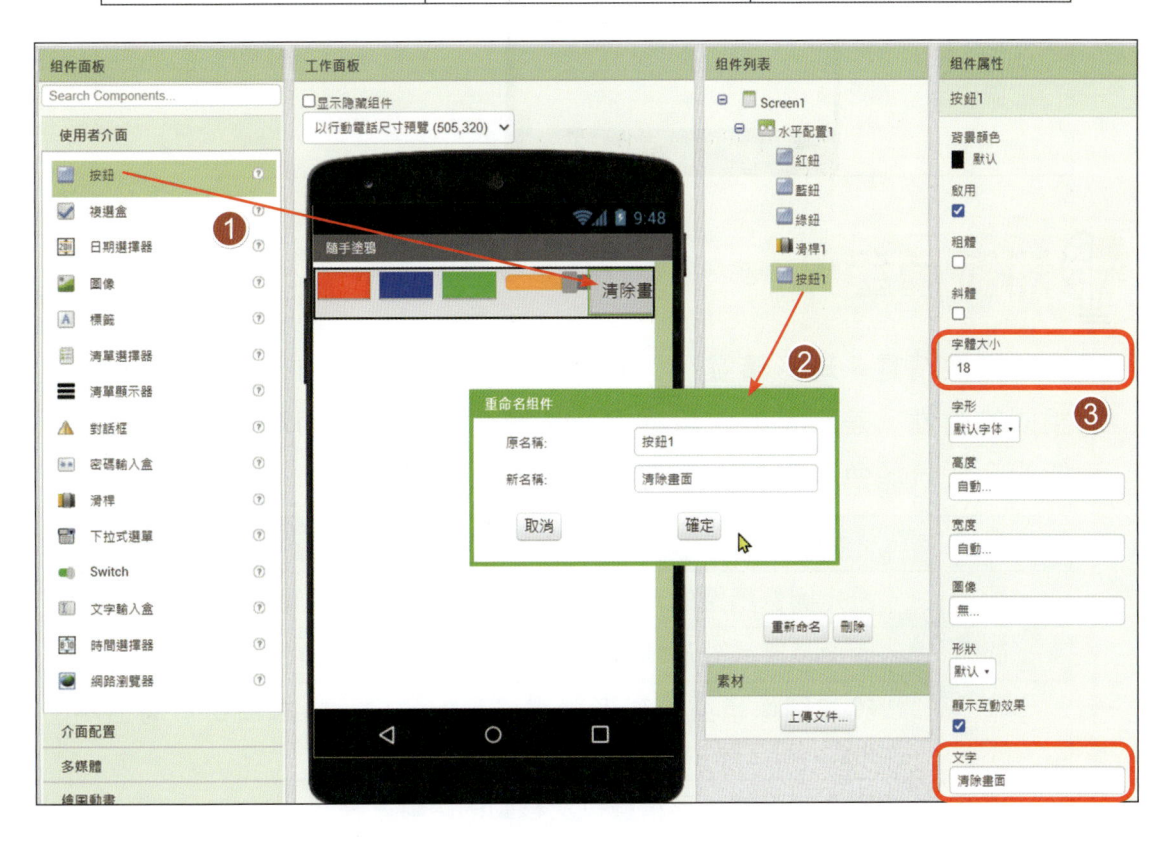

三、加入畫圖畫布

拖曳「繪圖動畫／畫布」到「工作面板」處，設定屬性值：

背景顏色	高度	寬度	畫筆顏色
淺灰	300 像素	填滿	紅色

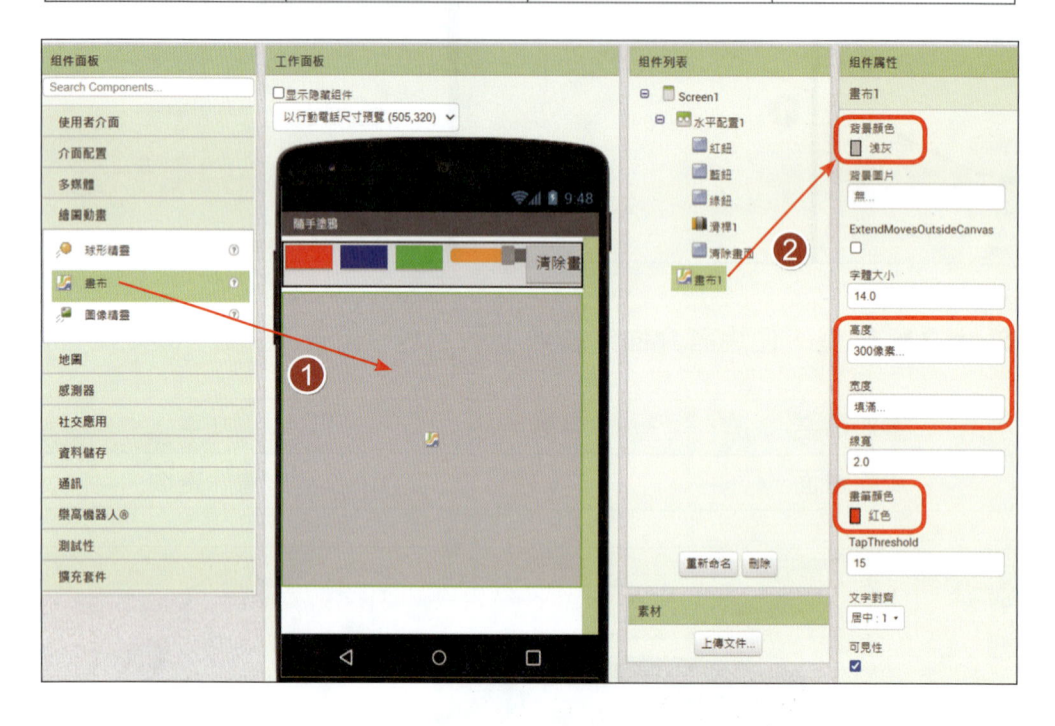

知識補給站

圖像精靈、球形精靈組件必須搭配畫布組件使用，二者幾乎擁有相同的屬性，差別是圖像精靈可以以圖片作背景，而球形精靈組件只能設定背景顏色及半徑大小作為單色的圖球。

屬性	說明
圖片	設定圖像精靈的背景圖，球形精靈沒有這個屬性。
間隔	圖像精靈或球形精靈多久時間移動一次。
指向	設定圖像精靈或球形精靈移動的方向，向右為 0°、向上為 90°、向左為 180°、向下為 270°。
速度	圖像精靈或球形精靈每次移動的距離。

10-3 專案程式設計

畫布組件

畫布的座標是以畫布的左上角為基準點 (0,0)，向右為正、向下為正。畫布組件有幾個重要的事件，善用這些事件的參數可以製作良好的繪圖或遊戲的效果。最常見的有**被壓下**、**被鬆開**及**被觸碰**事件。

- X、Y 座標：觸碰點的座標。
- 任意被觸碰的精靈：判斷是否觸碰到畫面中的精靈組件。

被拖曳事件

在畫布上拖曳時會觸發「被拖曳」事件，各參數說明如下：

- 起點 X、Y 座標：第 1 次觸碰點的座標。
- 前點 X、Y 座標：拖曳的起點。
- 當前 X、Y 座標：拖曳的終點。
- 任意被拖曳的精靈：判斷拖曳時，是否碰觸到精靈組件，若是為「True」表示有碰觸到畫布中的圖片精靈或球形精靈組件。

配合畫線方法，可以在畫布上線製線條，如：

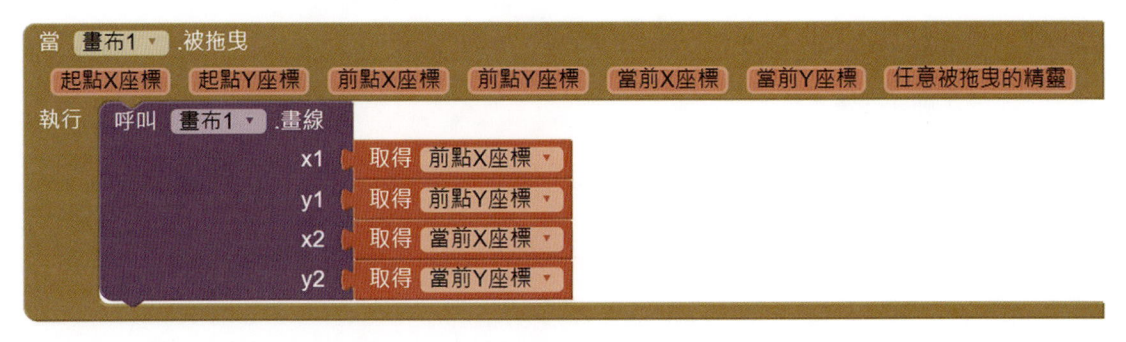

被滑過事件

當手指在畫布上滑過時，會觸發被滑過事件，各參數說明如下：

```
當 畫布1▼ .被滑過
    x座標  y座標  速度  方向  速度X分量  速度Y分量  被滑過的精靈
執行
```

- 方向：表示滑動的方向，向右為 0°、向上為 90°、向左為 180°、向下為 −90°。
- 速度 X 分量、Y 分量：速度 X 分量為左右的滑動，向右為正、向左為負；速度 Y 分量為上下的滑動，向下為正、向上為負。
- 被滑過的精靈：判斷滑過時是否碰觸到精靈組件，若是為「True」表示有碰觸到畫布中的圖片精靈或球形精靈組件。

要判斷向左或向右滑動時，只要判斷速度 X 分量的值，若速度 X 分量 > 0，則表示向右滑動，相同的情形，判斷速度 Y 分量 > 0，則表示向下滑動。

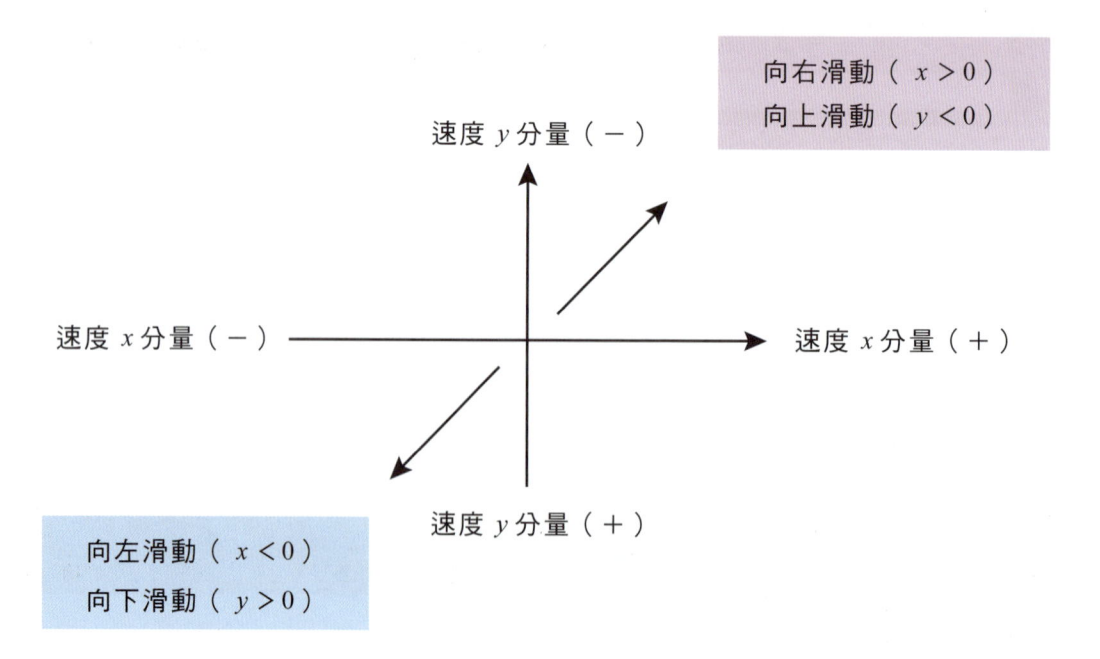

向右滑動（$x>0$）
向上滑動（$y<0$）

速度 y 分量（−）
速度 x 分量（−）
速度 x 分量（＋）
速度 y 分量（＋）

向左滑動（$x<0$）
向下滑動（$y>0$）

一、配合按鈕選擇畫筆顏色

Step 1 ▶ 按「程式設計」鈕進入程式設計介面。

Step 2 ▶ 點選「水平配置 1 ／紅鈕」的「當 紅鈕 .被點選 執行」模塊。

Step 3 ▶ 點選「Screen1 ／畫布 1」的「設 畫布1 .畫筆顏色 為」模塊。

Step 4 ▶ 加入「內置塊／顏色」的「🟥」。

Step 5 ▶ 依上述步驟完成按「藍鈕」時畫筆顏色為「藍色」、按「綠鈕」時畫筆顏色為「綠色」。

二、拖曳滑桿位置控制畫筆的精細

Step 1 ▶ 點選「水平配置 1／滑桿 1」的「　　　　」模塊。

Step 2 ▶ 點選「Screen1／畫布 1」的「　　　　」模塊。

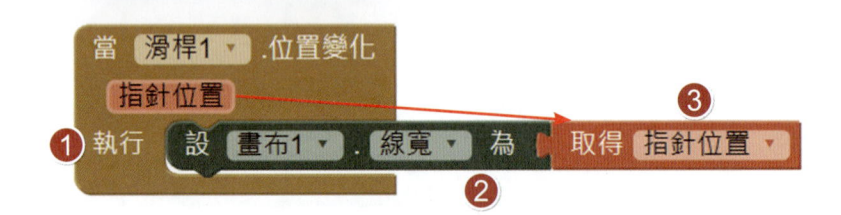

Step 3 ▶ 將滑鼠移到「指針位置」選取「取得指針位置」模塊，放入「　　　　」的插入項。

三、設計在畫布隨手塗鴉

Step 1 ▶ 點選「Screen1／畫布 1」的「當畫布 1.被拖曳」模塊。

Step 2 ▶ 加入「Screen1／畫布 1」的「　　　　」模塊。

Step 3 ▶ 點選「取前點 X 座標」模塊，放到「X1」插入項。

Step 4 ▶ 依前述方法將拖曳「前點 Y 座標」到「Y1」處、拖曳「當前 X 座標」到「X2」處、拖曳「當前 Y 座標」到「Y2」處。

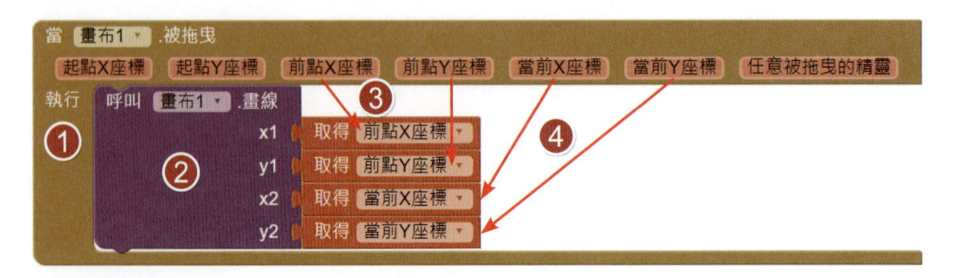

四、設計「清除畫面」按鈕

Step 1 ▶ 點選「水平配置1／清除畫面」的「當 清除畫面 .被點選 執行」模塊。

Step 2 ▶ 加入「Screen1／畫布1」的「呼叫 畫布1 .清除畫布」模塊。

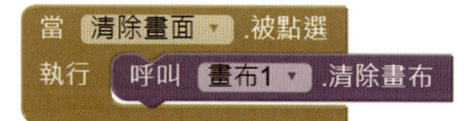

知識補給站

滑桿組件可以讓使用者拖曳滑桿上的指針來動態改變指針的位置，滑桿組件只有寬度屬性，沒有高度屬性，組件的高度是由系統決定的。

常用的屬性有：

屬性	說明	圖示
最大值	拖曳滑桿所能取得的最大數值	
最小值	拖曳滑桿所能取得的最大數值	最小值、指針位置、最大值、左側顏色、右側顏色
指針位置	目前滑桿指針所在的數值位置	
左側顏色	指針左側滑桿的顏色	
右側顏色	指針右側滑桿的顏色	

滑桿常用來作為輸入的一種方式，如右圖，拖曳上下滑桿來調整2個數值，就可以作出九九乘法練習程式了。

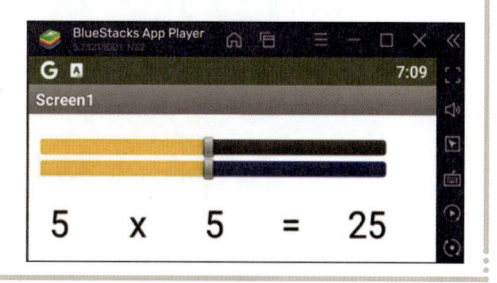

179

Chapter 10 課後習題

( ) 1. 若要將常用的積木複製到其他頁面使用，可以善用什麼功能？
  (A) 剪下 (B) 複製 (C) 背包 (D) 貼上。

( ) 2. 如下圖所示之程式碼，若希望能觸發「標籤1」組件，則手指在「畫布1」上滑動的方向應該是下列哪一項？

  (A) 向左方滑動   (B) 向上方滑動
  (C) 向下方滑動   (D) 向右方滑動。

( ) 3. 「畫布」組件的原點 (0,0) 位於畫布組件畫面的哪一個位置？
  (A) 正中間 (B) 右上方 (C) 左下方 (D) 左上方。

( ) 4. 下列哪一項組件可以放在「畫布」組件裡面？
  (A) 標籤組件   (B) 圖像組件
  (C) 球形精靈組件   (D) 按鈕組件。

( ) 5. 在程式設計介面設定畫布上的筆畫粗細，可以使用什麼積木？
  (A) 設 畫布1 . 線寬 為
  (B) 設 畫布1 . 寬度 為
  (C) 設 畫布1 . 高度 為
  (D) 設 畫布1 . 字體大小 為 。

(　　) 6. 如下圖所示之程式碼，若要讓畫面隨手指拖曳而畫線時，則「呼叫畫布1.畫線」積木裡的 x1 應填入「當畫布1.被拖曳」事件的哪一個變數？

(A) 當前 X 座標　　　　　　　(B) 前點 X 座標
(C) 起點 X 座標　　　　　　　(D) 任意被拖曳的精靈。

(　　) 7. 如下圖所示之程式碼，當按下「按鈕1」後，畫布中會顯示何種圖形？

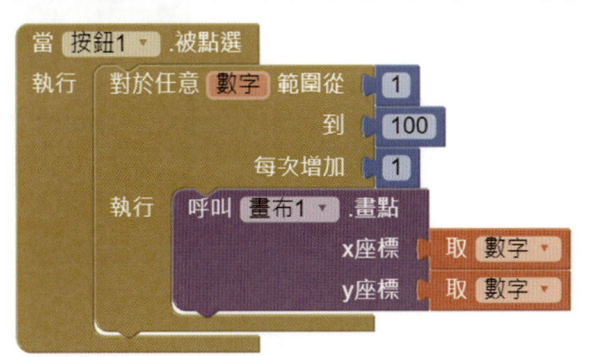

(A) 橢圓形　　(B) 正圓形　　(C) 矩形　　(D) 直線。

(　　) 8. 如下圖的程式碼，若用手指在畫布上向右上方畫過去，則會得到速度 X 分量及速度 Y 分量的值分別為？

(A) 速度 X 分量＜0，速度 Y 分量＜0
(B) 速度 X 分量＞0，速度 Y 分量＞0
(C) 速度 X 分量＞0，速度 Y 分量＜0
(D) 速度 X 分量＜0，速度 Y 分量＞0。

(　　) 9. 如下圖的程式碼，若用手指在畫布上向右下方畫過去，則會得到速度 X 分量及速度 Y 分量的值分別為？

(A) 速度 X 分量>0，速度 Y 分量>0
(B) 速度 X 分量>0，速度 Y 分量<0
(C) 速度 X 分量<0，速度 Y 分量<0
(D) 速度 X 分量<0，速度 Y 分量>0。

(　　) 10. 畫面中的甲箭頭所指的「紅點」圖案的組件，最有可能是什麼組件？
(A) 圖像選擇器組件
(B) 圖像組件
(C) 圖像精靈組件
(D) 球形精靈組件。

(　　) 11. 畫面中的甲箭頭所指的「筆」圖案的組件，最有可能是什麼組件？
(A) 圖像精靈組件
(B) 圖像組件
(C) 球形精靈組件
(D) 圖像選擇器組件。

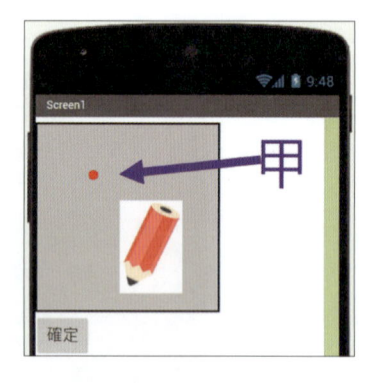

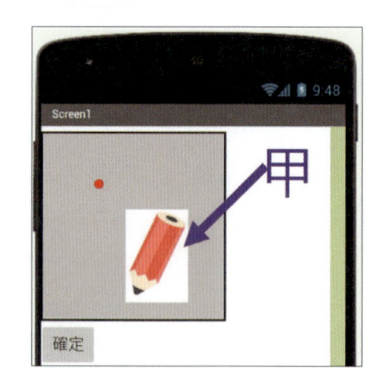

(　)12. 若是畫布1的寬度及高度均為300，則按下球形精靈時，球形精靈組件會移動到哪個座標？

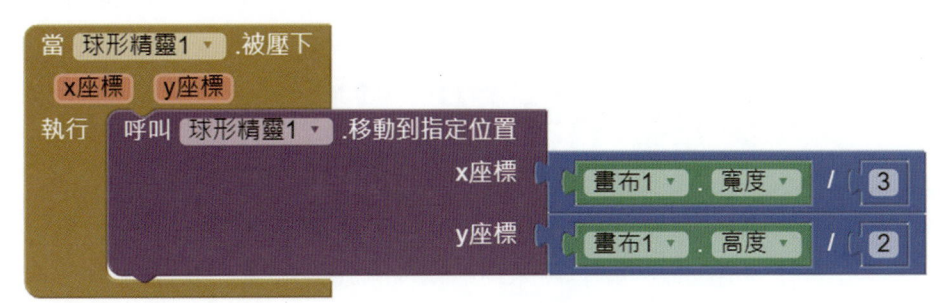

(A) (150,150)　　　　　　　(B) (100,100)
(C) (100,150)　　　　　　　(D) (200,200)。

(　)13.「滑桿」組件屬性中，哪一項可以設定滑桿起始位置？
(A) 啟用指針　　　　　　　(B) 最小值
(C) 最大值　　　　　　　　(D) 指針位置。

(　)14. 下列積木中，三個數值分別代表哪三個顏色？

(A) 紅、綠、藍　　　　　　(B) 黑、紅、紫
(C) 綠、白、黑　　　　　　(D) 紅、黃、綠。

Chapter 11 多媒體應用

學習重點
- 學習建立多個畫面及畫面之間的切換
- 學習照相機、錄音機、錄影機組件應用
- 學習音樂播放器、影片播放器組件應用
- 學習圖像選擇器、清單顯示器組件應用

11-1 專案說明

本專案利用手機上的拍照及攝影功能應用，再配合影片播放及音效播放功能來介紹多媒體應用。

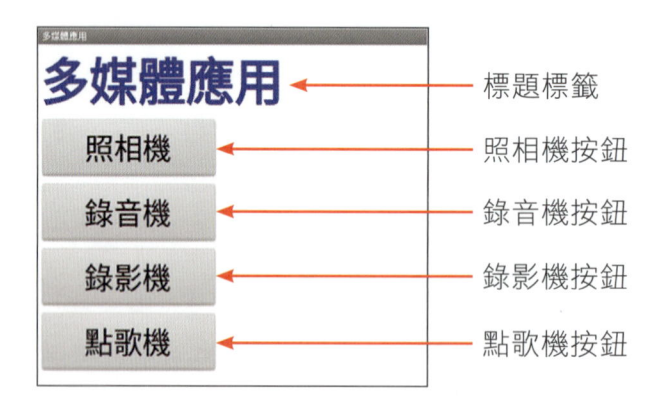

- 標題標籤
- 照相機按鈕
- 錄音機按鈕
- 錄影機按鈕
- 點歌機按鈕

執行結果

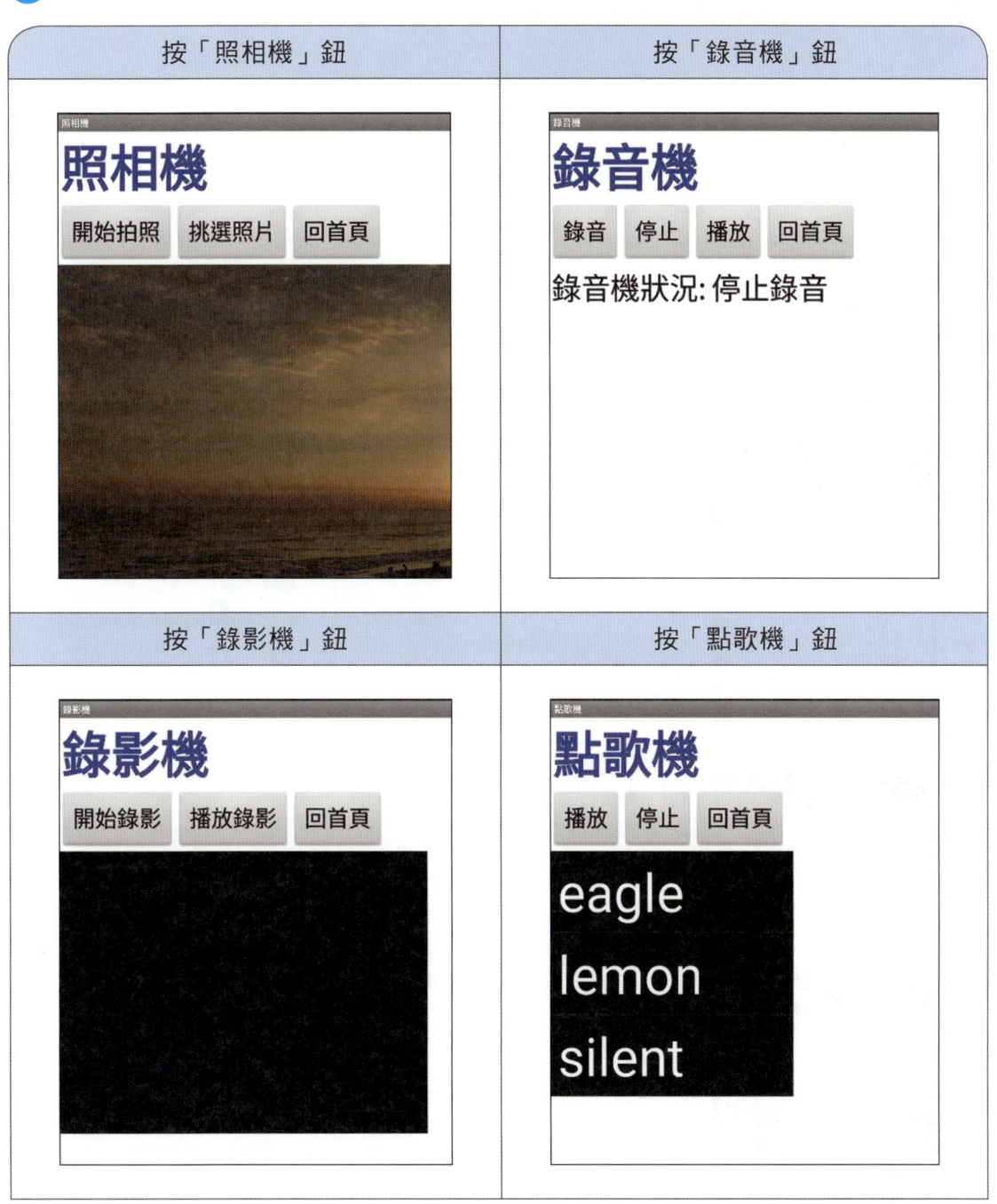

按「照相機」鈕	按「錄音機」鈕
照相機 開始拍照　挑選照片　回首頁	錄音機 錄音　停止　播放　回首頁 錄音機狀況: 停止錄音

按「錄影機」鈕	按「點歌機」鈕
錄影機 開始錄影　播放錄影　回首頁	點歌機 播放　停止　回首頁 eagle lemon silent

11-2 專案畫面設計

製作「多媒體」應用程式時，使用「照相機」組件、「錄音機」組件、「音樂播放器」組件、「錄影機」組件、「影片播放器」組件來完成，其中部分組件是屬於不可見組件，所以是不會出現在螢幕的。

一、畫面配置表

主畫面配置表

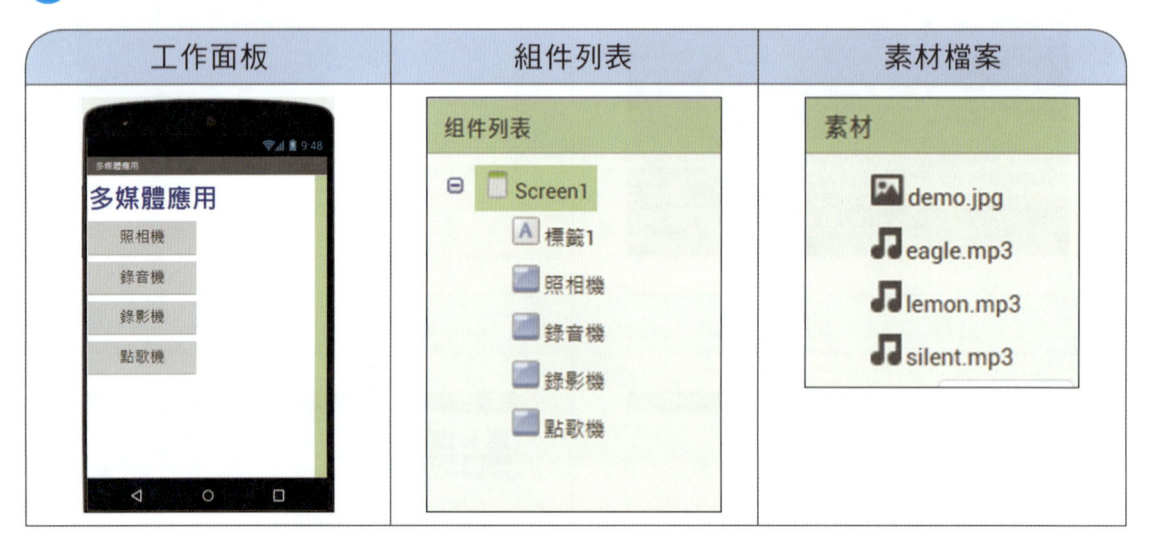

工作面板	組件列表	素材檔案
多媒體應用 照相機 錄音機 錄影機 點歌機	組件列表 Screen1 　標籤1 　照相機 　錄音機 　錄影機 　點歌機	素材 demo.jpg eagle.mp3 lemon.mp3 silent.mp3

照相機畫面配置表

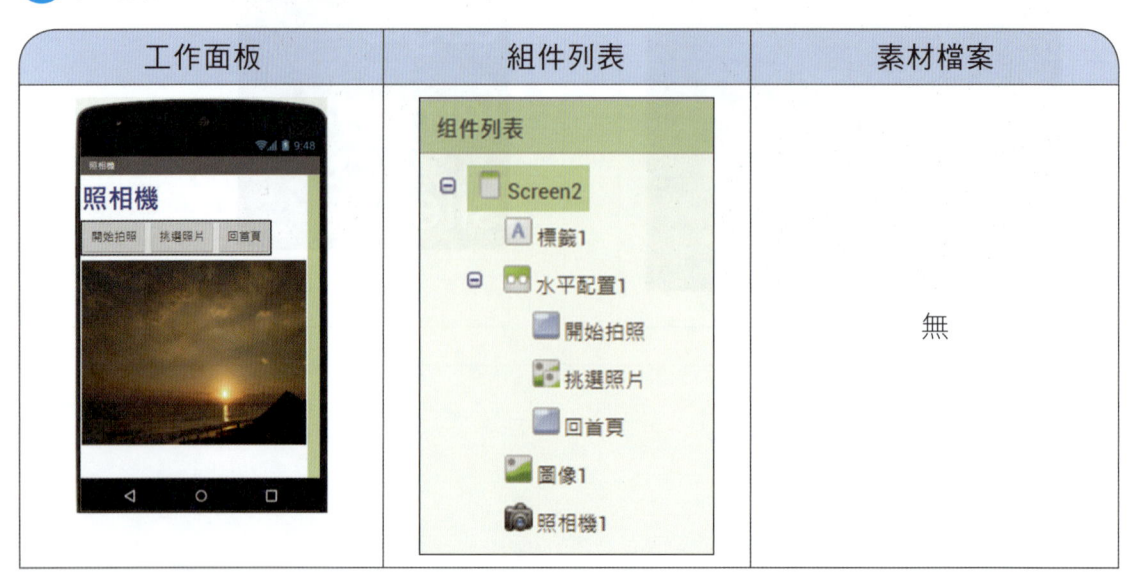

工作面板	組件列表	素材檔案
照相機 開始拍照　挑選照片　回首頁	組件列表 Screen2 　標籤1 　水平配置1 　　開始拍照 　　挑選照片 　　回首頁 　圖像1 　照相機1	無

186

錄音機畫面配置表

<table>
<tr><th>工作面板</th><th>組件列表</th><th>素材檔案</th></tr>
<tr>
<td>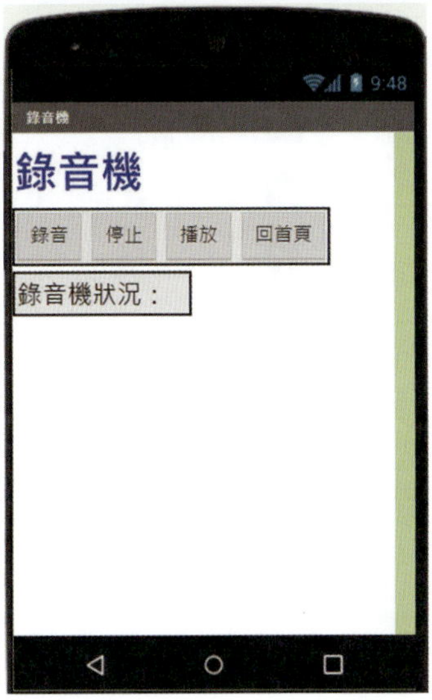
9:48
錄音機
錄音機
錄音
停止
播放
回首頁
錄音機狀況：</td>
<td>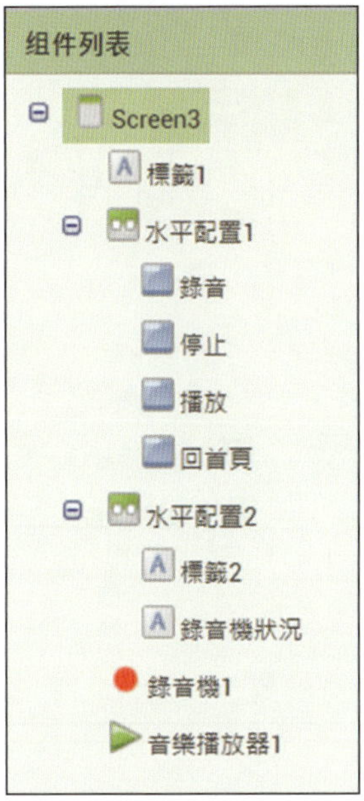
組件列表
Screen3
標籤1
水平配置1
錄音
停止
播放
回首頁
水平配置2
標籤2
錄音機狀況
錄音機1
音樂播放器1</td>
<td>無</td>
</tr>
</table>

錄影機畫面配置表

<table>
<tr><th>工作面板</th><th>組件列表</th><th>素材檔案</th></tr>
<tr>
<td>
9:48
錄影機
錄影機
開始錄影
播放錄影
回首頁</td>
<td>
組件列表
Screen4
標籤1
水平配置1
開始錄影
播放錄影
回首頁
影片播放器1
錄影機1</td>
<td>無</td>
</tr>
</table>

點歌機畫面配置表

工作面板	組件列表	素材檔案
(點歌機畫面：標題「點歌機」，按鈕「播放」「停止」「回首頁」，清單顯示 eagle、lemon、silent)	組件列表 Screen5 　標籤1 　水平配置1 　　播放 　　停止 　　回首頁 　清單顯示器1 　音樂播放器1	素材 demo.jpg eagle.mp3 lemon.mp3 silent.mp3

二、Screen1 螢幕屬性設定及標題標籤

Step 1 ▶ 新增「multimedia」專案。

Step 2 ▶ 點選「組件列表」區「Screen1」組件，設定屬性值：

App 名稱	螢幕方向	標題
多媒體應用	鎖定直式畫面	多媒體應用

Step 3 ▶ 拖曳「使用者介面／標籤」組件到「工作面板」區，設定屬性值：

粗體	字體大小	文字	文字顏色
勾選	40	多媒體應用	藍色

三、建立「照相機」、「錄音機」、「錄影機」及「點歌機」按鈕

拖曳 4 次「使用者介面／按鈕」到工作面板，設定屬性值：

重新命名	字體大小	度	文字
照相機	24	150 像素	照相機
錄音機	24	150 像素	錄音機
錄影機	24	150 像素	錄影機
點歌機	24	150 像素	點歌機

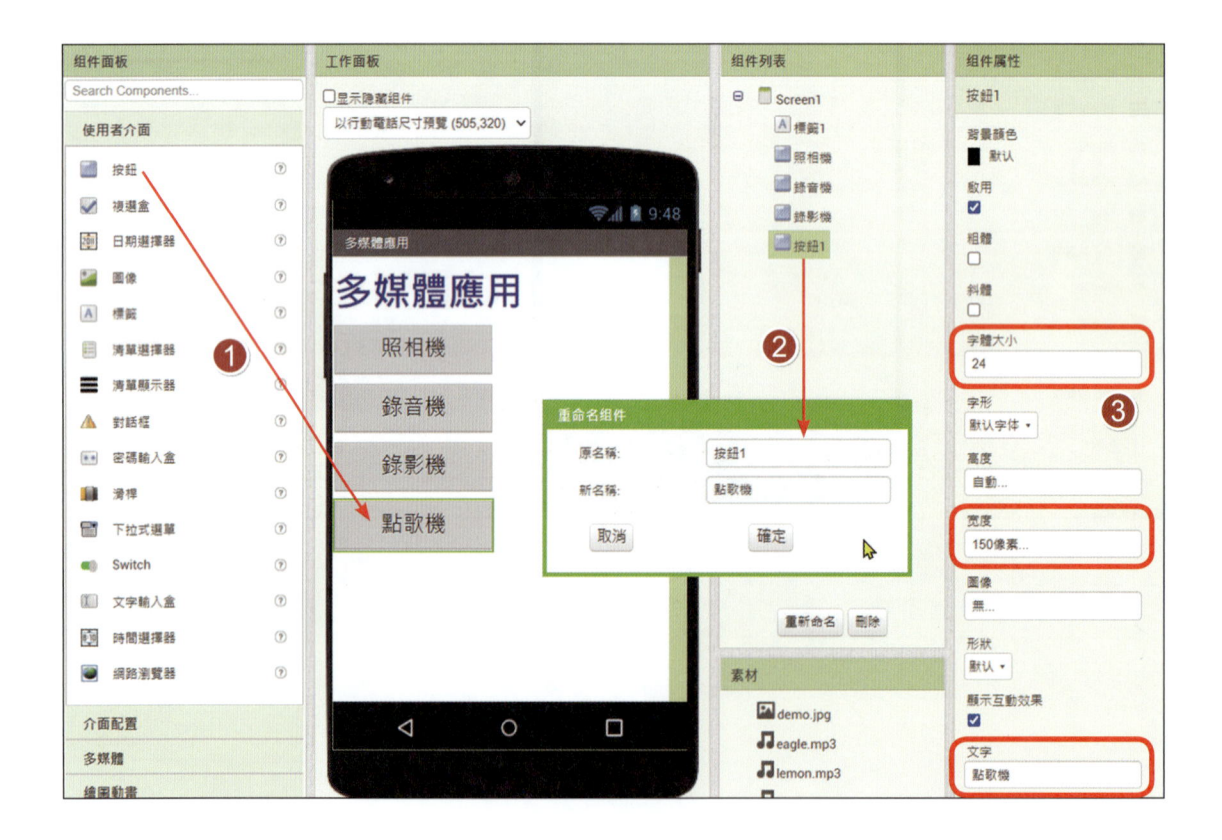

四、上傳媒體素材

Step 1 ▶ 按「素材」區的「上傳文件」鈕，點選「選擇檔案」鈕。

Step 2 ▶ 將資料夾內的「demo.jpg」、「eagle.mp3」、「lemon.mp3」、「silent.mp3」素材逐一上傳。

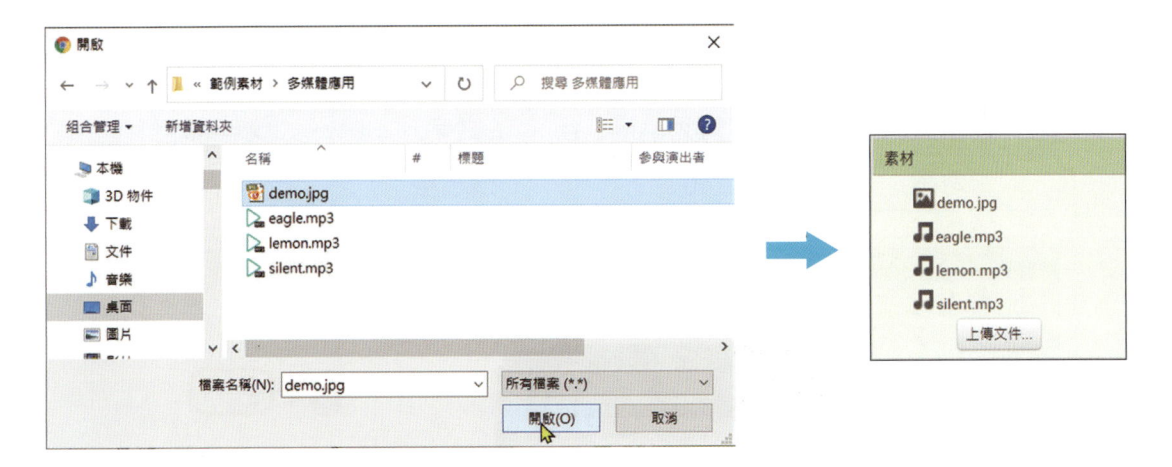

五、Screen2 - 照相機畫面設計

Step 1 ▶ 點選「新增螢幕」鈕，輸入螢幕名稱「Screen2」後，按「確定」鈕。

Step 2 ▶ 點選「組件列表」區「Screen2」組件，設定屬性值：

螢幕方向	標題
鎖定直式畫面	照相機

Step 3 ▶ 拖曳「使用者介面／標籤」組件到「工作面板」區，設定屬性值：

粗體	字體大小	文字	文字顏色
勾選	40	照相機	藍色

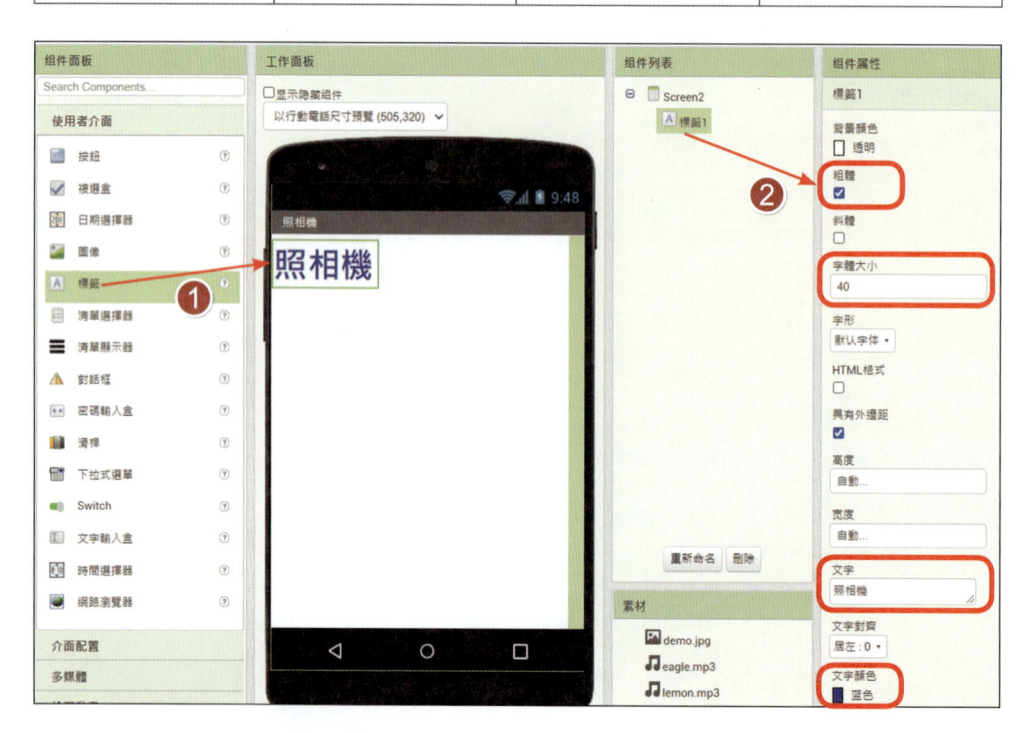

六、Screen2－「開始拍照」、「回首頁」按鈕及「挑選照片」圖像選擇器組件

Step 1 ▶ 拖曳「介面配置／水平配置」組件到「工作面板」區。。

Step 2 ▶ 拖曳 2 次「使用者介面／按鈕」組件到「水平配置 1」內，設定屬性值：

重新命名	字體大小	文字
開始拍照	18	開始拍照
回首頁	18	回首頁

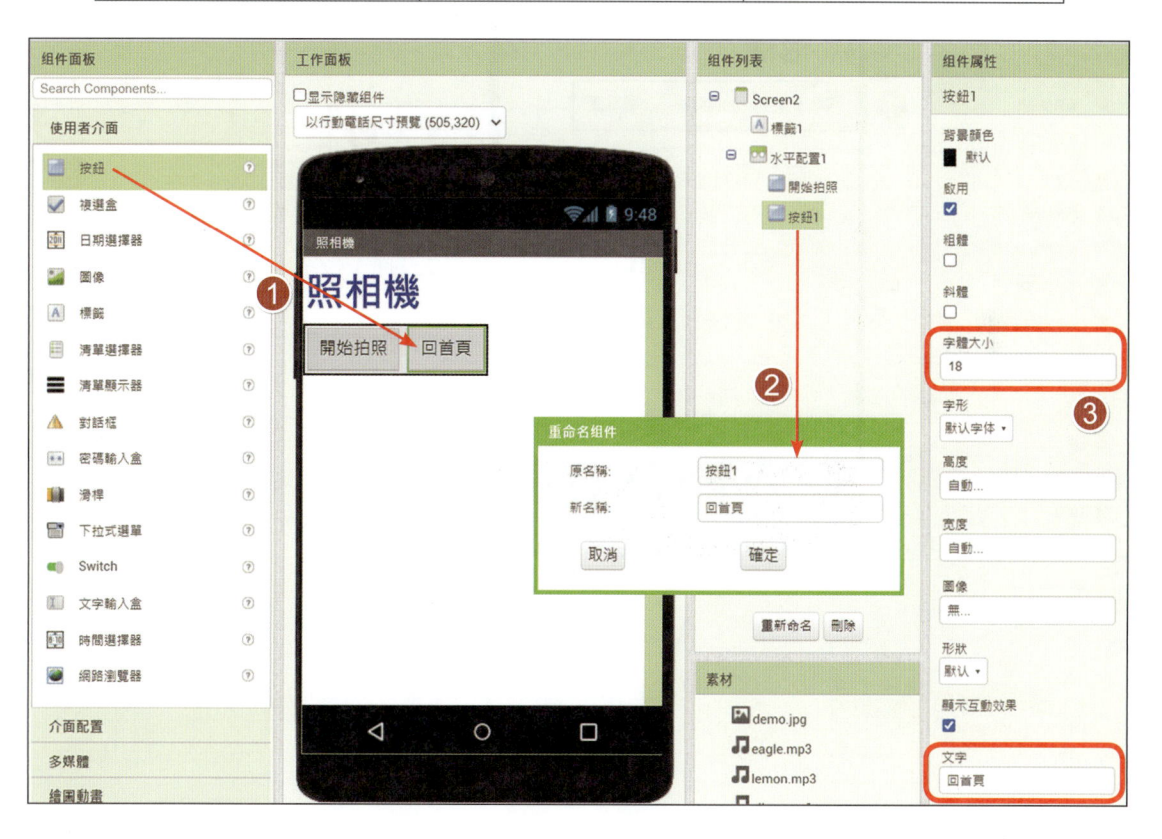

193

Step 3 ▶ 拖曳「多媒體／圖像選擇器」組件到「水平配置 1」內，設定屬性值：

重新命名	字體大小	文字
挑選照片	18	挑選照片

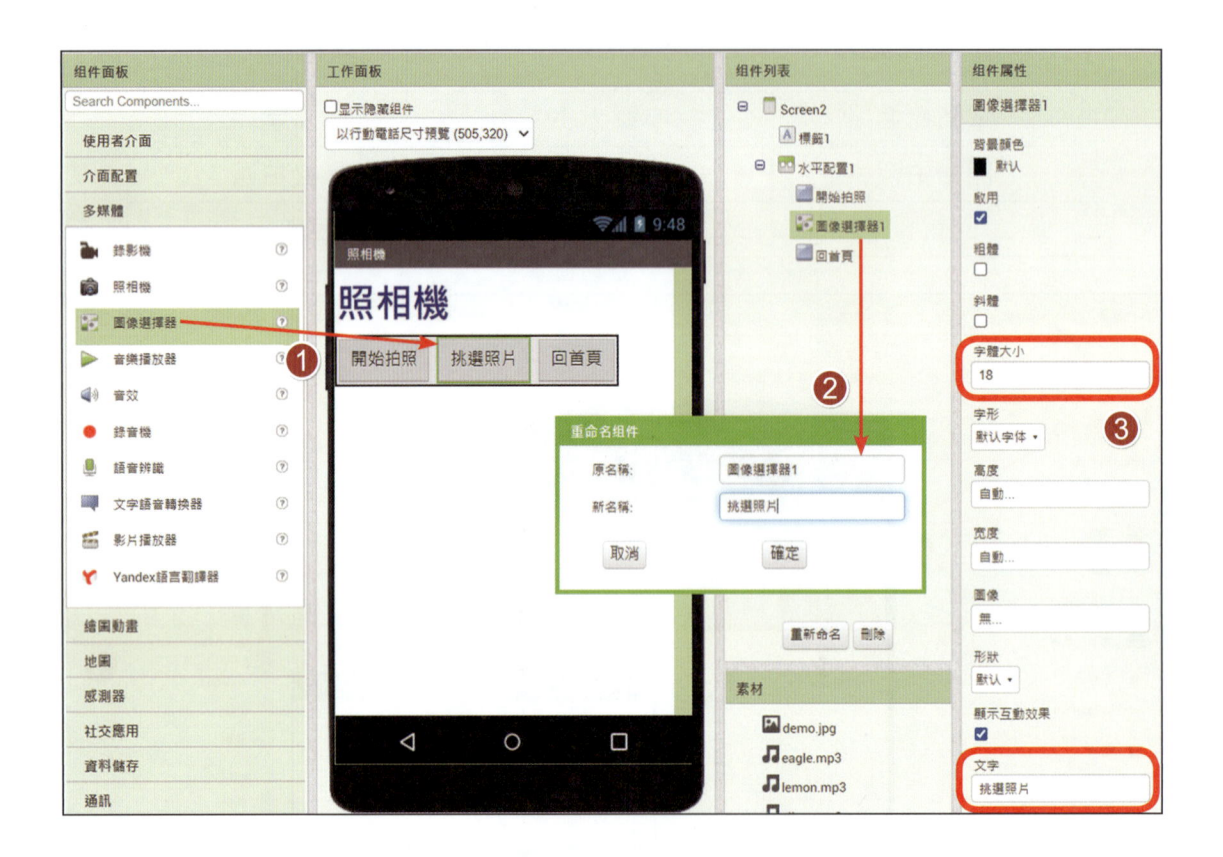

七、Screen2－呈現照片的圖像組件及照相機組件

Step 1 ▶ 拖曳「使用者介面／圖像」組件到「工作面板」區，設定屬性值：

高度	寬度	圖片	放大／縮小圖片來適應尺寸
250 像素	填滿	demo.jpg	勾選

Step 2 ▶ 拖曳「多媒體／照相機」組件到「工作面板」區，它屬於非可視組件會放在工作面板的下方，不會出現在畫面上。

八、Screen3 螢幕 - 錄音機畫面設計

Step 1 ▶ 點選「新增螢幕」鈕,輸入螢幕名稱「Screen3」後,按「確定」鈕。

Step 2 ▶ 點選「組件列表」區「Screen3」組件,設定屬性值:

螢幕方向	標題
鎖定直式畫面	錄音機

Step 3 ▶ 拖曳「使用者介面/標籤」組件到「工作面板」區,設定屬性值:

粗體	字體大小	文字	文字顏色
勾選	40	錄音機	藍色

九、Screen3 -「錄音」、「停止」、「播放」及「回首頁」按鈕組件

Step 1 ▶ 拖曳「介面配置／水平配置」組件到「工作面板」區。

Step 2 ▶ 拖曳 4 次「使用者介面／按鈕」組件到「水平配置 1」內，設定屬性值：

重新命名	字體大小	文字
錄音	18	錄音
停止	18	停止
播放	18	播放
回首頁	18	回首頁

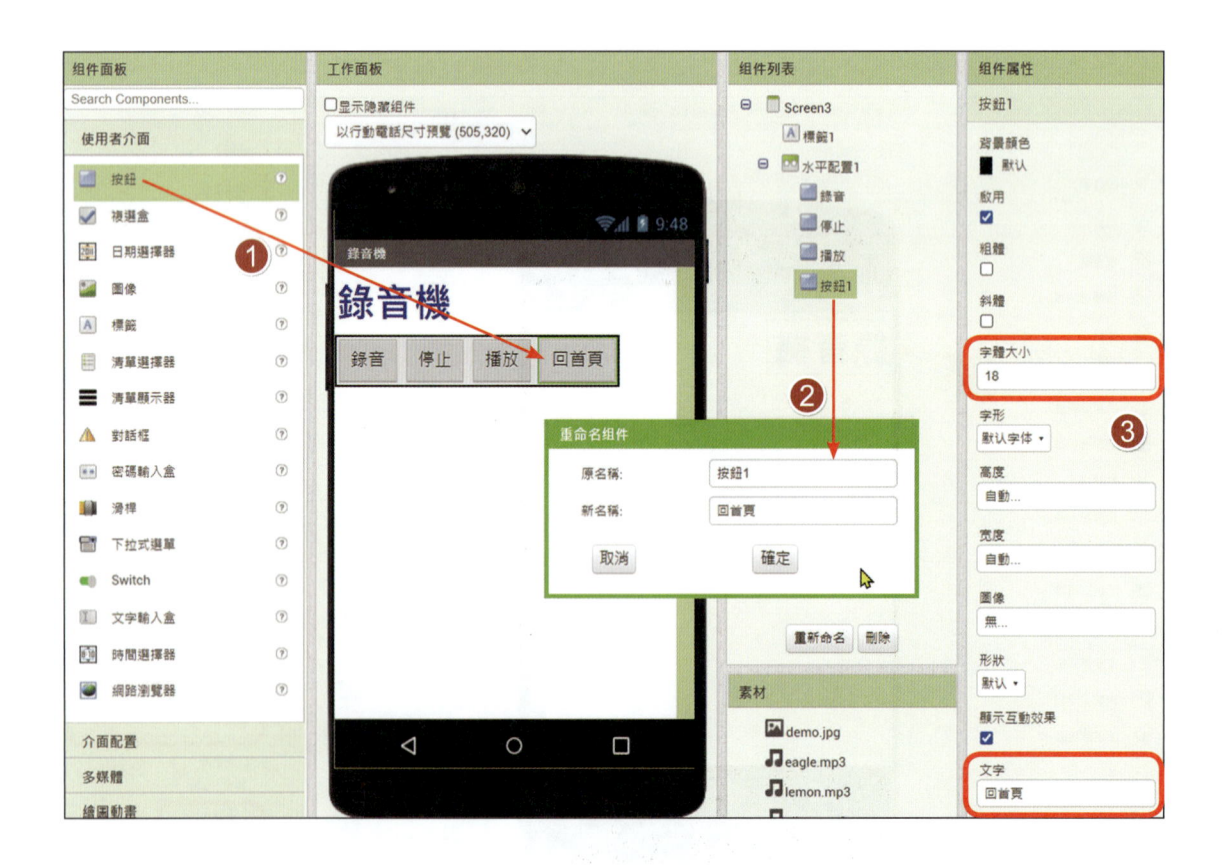

198

十、Screen3 - 錄音機狀況標籤、錄音機組件及音樂播放器組件

Step 1 ▶ 拖曳「介面配置／水平配置」組件到「工作面板」區。

Step 2 ▶ 拖曳 2 次「使用者介面／標籤」組件到「水平配置 2」區，設定屬性值：

重新命名	字體大小	文字
	24	錄音機狀況：
錄音機狀況：	24	空白

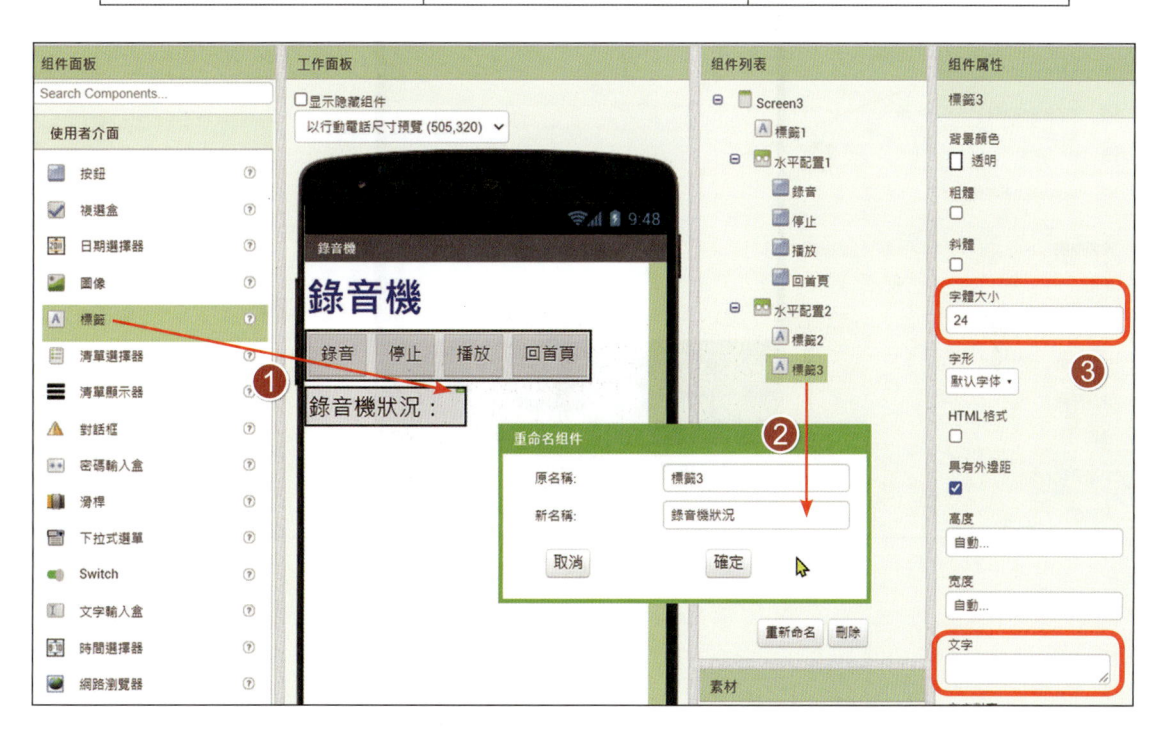

Step 3 ▶ 拖曳「多媒體／錄音機」組件到「工作面板」區，屬於非可視組件。

運算思維與 App Inventor 2 程式設計

Step 4 ▶ 拖曳「多媒體／音樂播放器」組件到「工作面板」區，屬於非可視組件。

200

十一、Screen4 螢幕 - 錄影機畫面設計

Step 1 ▶ 點選「新增螢幕」鈕,輸入螢幕名稱「Screen4」後,按「確定」鈕。

Step 2 ▶ 點選「組件列表」區「Screen4」組件,設定屬性值:

螢幕方向	標題
鎖定直式畫面	錄影機

Step 3 ▶ 拖曳「使用者介面/標籤」組件到「工作面板」區,設定屬性值:

粗體	字體大小	文字	文字顏色
勾選	40	錄影機	藍色

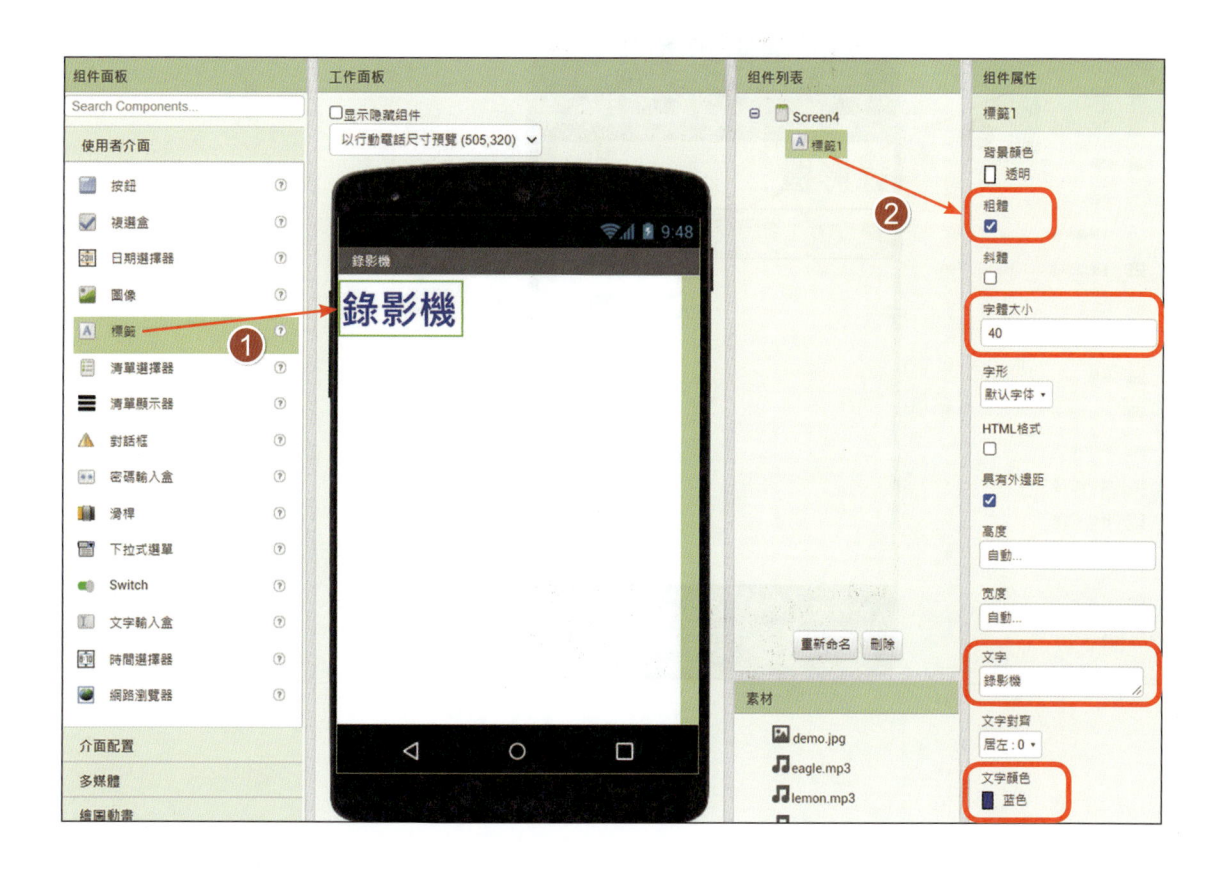

十二、Screen4-「開始錄影」、「播放錄影」及「回首頁」按鈕

Step 1 ▶ 拖曳「介面配置／水平配置」組件到「工作面板」區。

Step 2 ▶ 拖曳 3 次「使用者介面／按鈕」組件到「水平配置 1」內,設定屬性值:

重新命名	字體大小	文字
開始錄影	18	開始錄影
播放錄影	18	播放錄影
回首頁	18	回首頁

十三、Screen4 - 錄影機組件及影片播放器組件

Step 1 ▶ 拖曳「多媒體／錄影機」組件到「工作面板」區，它屬於非可視組件。

Step 2 ▶ 拖曳「多媒體／影片播放器」組件到「工作面板」區，設定屬性值：

高度	寬度
225 像素	300 像素

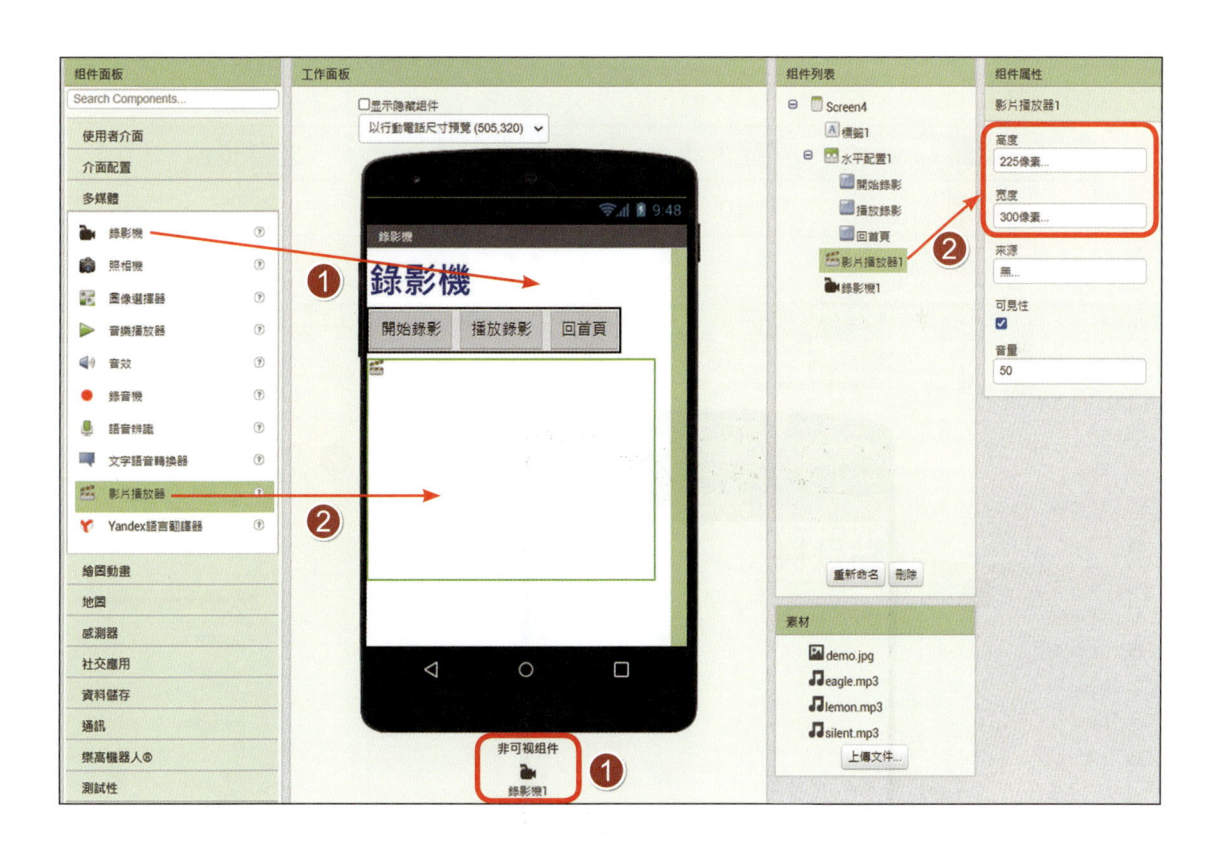

十四、Screen5 - 點歌機畫面設計

Step 1 ▶ 點選「新增螢幕」鈕，輸入螢幕名稱「Screen5」後，按「確定」鈕。

Step 2 ▶ 點選「組件列表」區「Screen5」組件，設定屬性值：

螢幕方向	標題
鎖定直式畫面	點歌機

Step 3 ▶ 拖曳「使用者介面／標籤」組件到「工作面板」區，設定屬性值：

粗體	字體大小	文字	文字顏色
勾選	40	點歌機	藍色

十五、Screen5 -「播放」、「停止」及「回首頁」按鈕

Step 1 ▶ 拖曳「介面配置／水平配置」組件到「工作面板」區。

Step 2 ▶ 拖曳 3 次「使用者介面／按鈕」組件到「水平配置 1」內，設定屬性值：

重新命名	字體大小	文字
播放	18	播放
停止	18	停止
回首頁	18	回首頁

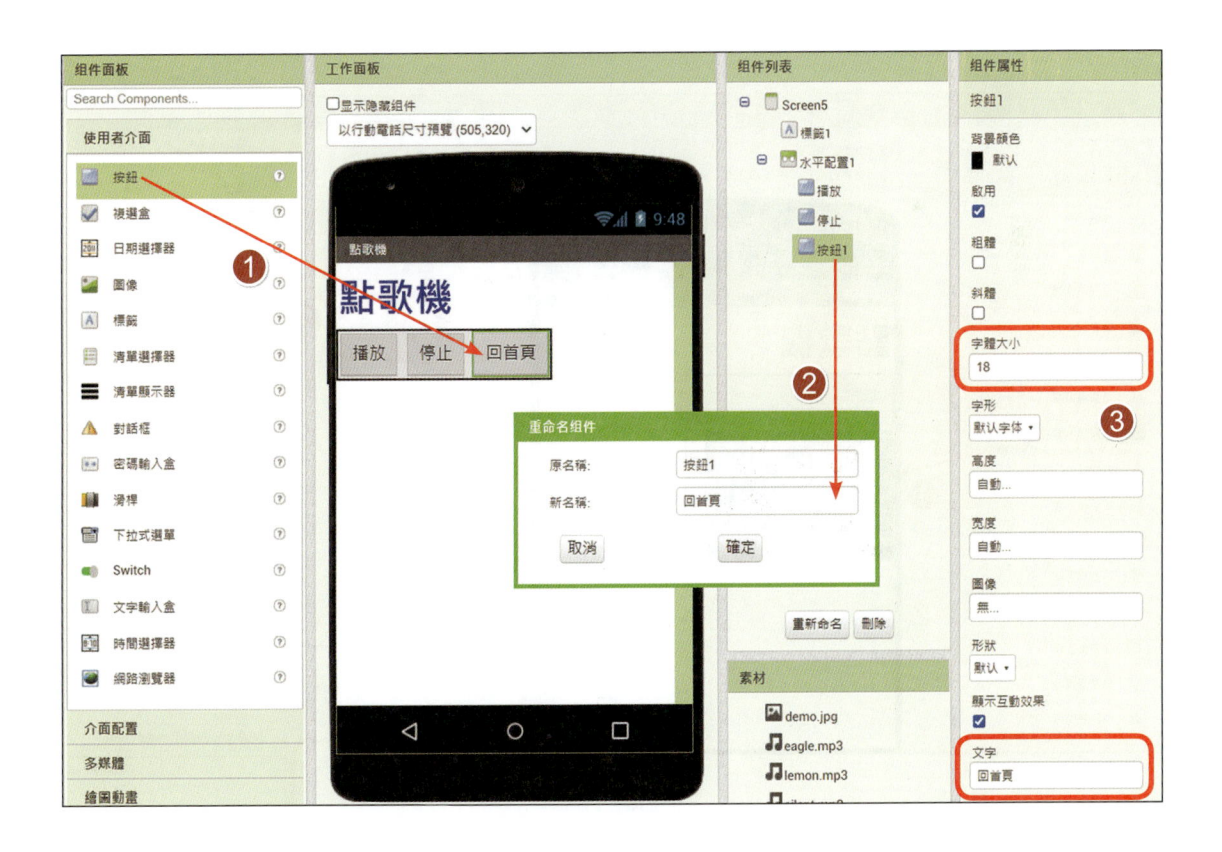

十六、Screen5-歌曲清單顯示器組件及音樂播放器組件

Step 1 ▶ 拖曳「多媒體／音機播放器」組件到「工作面板」區，它屬於非可視組件，會放在工作面板的下方，不會出現在畫面上。

Step 2 ▶ 拖曳「使用者介面／清單顯示器」組件到「工作面板」區，設定屬性值：

元素字串	寬度	字體大小
eagle, lemon, silent	200 像素	32

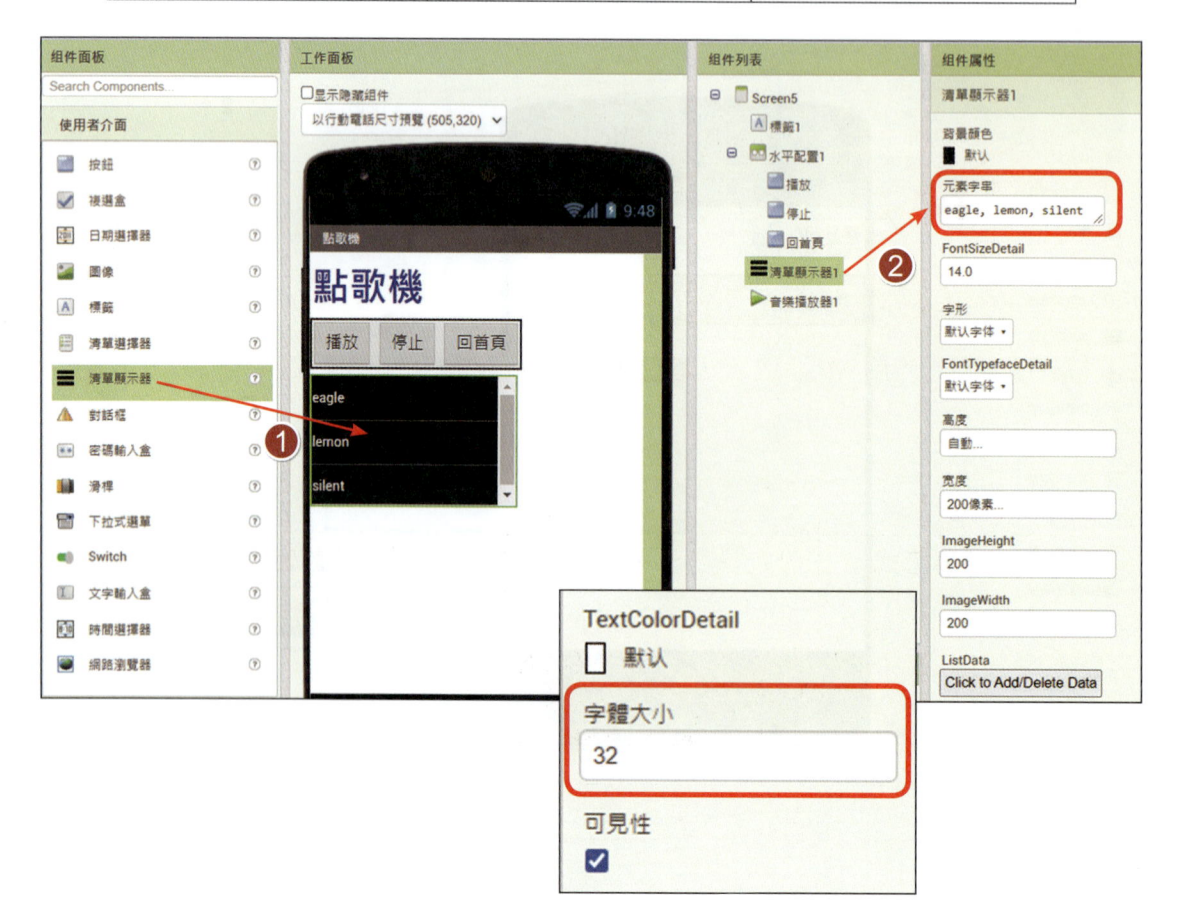

11-3 專案程式設計

專案中使用多種多媒體組件來進行錄影機、照相機及錄音機的程式設計，並利用音樂播放器及影片播放器組件來進行播放動作。

音樂播放器組件

音樂播放器組件也是用來播放聲音或音樂檔案，主要用來播放較長的音樂檔案，如歌曲、配樂等。它也可以讓手機震動並設定設定時間（單位為毫秒），屬於非可視組件。

屬性	說明
循環播放	設定是否循環播放音樂。
只能在前景運行	設定是否可以在後台背景播放。
來源	設定播放的音樂檔案（mp3、wav 格式），若是要播放的檔案在手機的 SD 卡時，檔案的來要設定為「file://mnt/sdcard/ 檔名.mp3」。
音量	設定播放的音量（值＝0～100）。

影片播放器組件

影片播放器用來播放影片檔案，具有控制面板的操作介面，是可視組件。

屬性	說明
全螢幕模式	設定是否全螢幕播放，需由程式模塊設定。
來源	設定播放的影片檔案（wmv、3gp、mp4 格式），若是要播放的檔案在手機的 SD 卡時，檔案的來要設定為「file://mnt/sdcard/ 檔名.mp4」。
可見性	設定是否在螢幕中顯示。
音量	設定播放的音量（值＝0～100）。

圖像選擇器組件

圖像選擇器組件若是拖曳到工作面格時，外觀會和按鈕組件一樣，當按下圖像選擇器的按鈕時，會自動開啟手機的相簿，可以從中選取一張相片。

選取相片完成後，會觸發「選擇完成 當 圖像選擇器1 .選擇完成 執行 」事件，並傳回選取的相片路徑儲存在「選中項 圖像選擇器1 . 選中項 」屬性，可以進行後續的程式設計處理。如下就是讓選到的相片顯示在圖像組件中。

清單選擇器組件

清單選擇器組件在螢幕上會類似按鈕的模式，顯示所有清單項讓使用者點選，點選後會將選取的清單項的選中項、選中項索引等屬性值傳回，供後續程式設計之處理。如下就是讓播放清單選擇器中選中的音樂。

清單選擇單的元素字串屬性可以輸入字串資料，每個字串之間以逗號區隔，如輸入「台北,台中,高雄」時，會建立 3 個顯示的資料，當選擇後會傳回選中項及選中項索引值，可進行後續的程式處理。

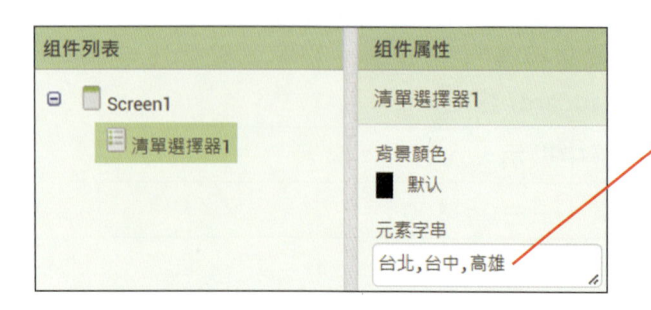

一、Screen1 螢幕按鈕程式設計

Step 1 ▶ 點選「Screen1」進入 Screen1 螢幕，按「程式設計」鈕進入程式設計介面。

Step 2 ▶ 點選「Screen1／照相機」的「當 照相機.被點選 執行」模塊。

Step 3 ▶ 加入「內置塊／控制」的「開啟另一畫面 畫面名稱 Screen1」，選擇「Screen2」。

Step 4 ▶ 依相同方法，完成「錄音機」、「錄影機」、「點唱機」按鈕程式（可採用複製來快速完成）。

二、Screen2 螢幕 - 照相機按鈕程式、背包使用

Step 1 ▶ 點選「Screen2」螢幕，進行照相機程式設計。

Step 2 ▶ 點選「開始拍照」的「當 開始拍照.被點選 執行」，執行「照相機」「呼叫 照相機1.拍照」。

Step 3 ▶ 點選「挑選照片」的「當 挑選照片 .選擇完成 執行」，執行設「圖像1.圖片」為「挑選照片.選中項」。

Step 4 ▶ 加入「回首頁」的「當 回首頁 .被點選 執行」，執行「內置塊／控制」的「關閉畫面」。

Step 5 ▶ 將「當回首頁被點選」程式拖曳到「背包」內。

三、Screen3 螢幕 - 錄音機程式設計

Step 1 ▶ 點選「Screen3」螢幕，進行錄音機程式設計。

Step 2 ▶ 點選「錄音」的「當 錄音.被點選 執行」，加入「錄音機狀況」的「設 錄音機狀況.文字 為」為「正在錄音中…」文字。

Step 3 ▶ 加入「錄音機1」的「呼叫 錄音機1.開始」。

```
當 錄音.被點選 ❷
執行 設 錄音機狀況.文字 為 " 正在錄音… "
     呼叫 錄音機1.開始 ❸
```

Step 4 ▶ 點選「停止」的「當 停止.被點選 執行」，加入「錄音機狀況」的「設 錄音機狀況.文字 為」為「停止錄音」文字。

Step 5 ▶ 加入「錄音機1」的「呼叫 錄音機1.停止」。

```
當 停止.被點選 ❹
執行 設 錄音機狀況.文字 為 " 停止錄音 "
     呼叫 錄音機1.停止 ❺
```

Step 6 ▶ 點選「播放」的「當 播放.被點選 執行」，加入「錄音機狀況」的「設 錄音機狀況.文字 為」為「錄音播放」文字。

Step 7 ▶ 加入「音樂播放器1」的「呼叫 音樂播放器1▾ .停止」、

「呼叫 音樂播放器1▾ .開始」。

```
當 播放▾ .被點選  ⑥
執行 設 錄音機狀況▾ . 文字▾ 為 " 錄音播放 "
     呼叫 音樂播放器1▾ .停止
     呼叫 音樂播放器1▾ .開始     ⑦
```

Step 8 ▶ 點選「錄音機1」的「當 錄音機1▾ .錄製完成 聲音 執行」，加入「音樂播放器1」的「設 音樂播放器1▾ . 來源▾ 為」為「聲音」變數。

```
當 錄音機1▾ .錄製完成
聲音
執行 設 音樂播放器1▾ . 來源▾ 為 取得 聲音▾
```

Step 9 ▶ 由「背包」取回「回首頁」程式片段。

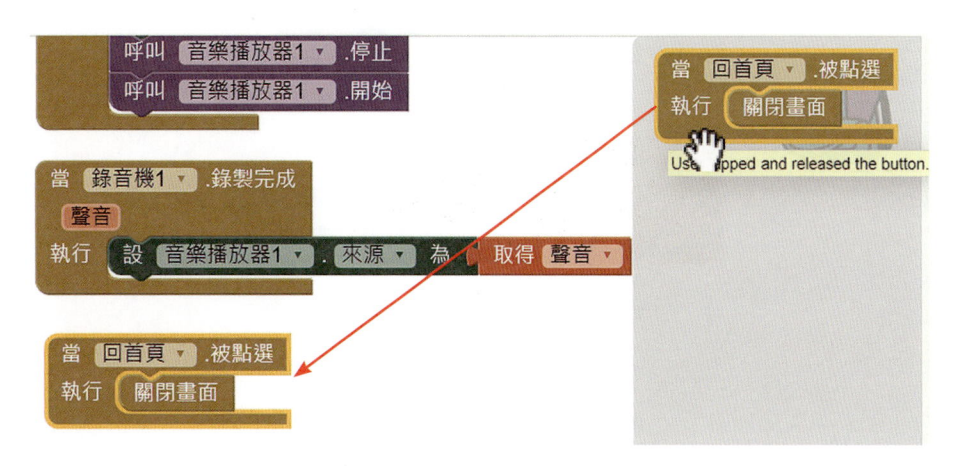

213

四、Screen4 螢幕 - 錄影機程式設計

Step 1 ▶ 點選「Screen4」螢幕，進行錄影機程式設計。

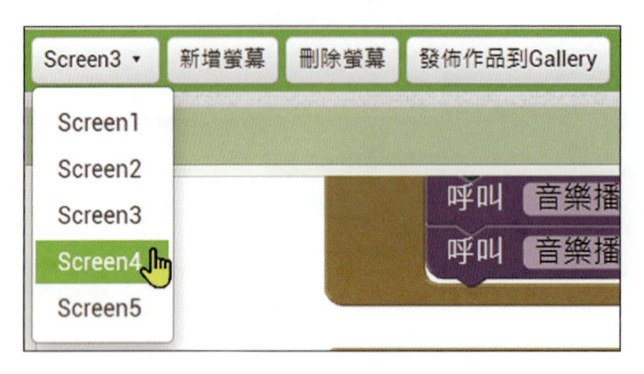

Step 2 ▶ 點選「開始錄影」的「當 開始錄影.被點選 執行」，加入「錄影機1」的「呼叫 錄影機1.開始錄製」。

Step 3 ▶ 點選「播放錄影」的「當 播放錄影.被點選 執行」，加入「影片播放器1」的「呼叫 影片播放器1.開始」。

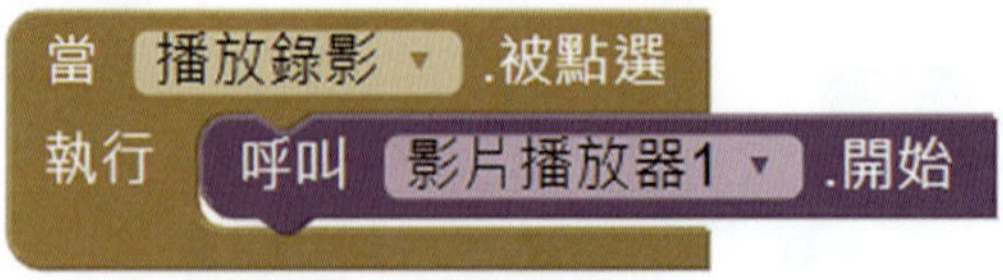

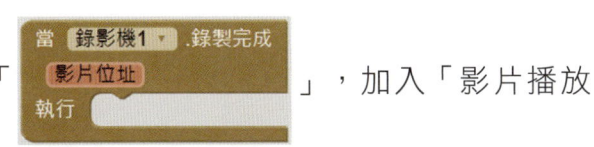

Step 4 ▶ 點選「錄影機1」的「(當 錄影機1.錄製完成 / 影片位址 / 執行)」，加入「影片播放器1」的「設 影片播放器1.來源 為 demo.jpg」更換插入項為「影片位址」變數。

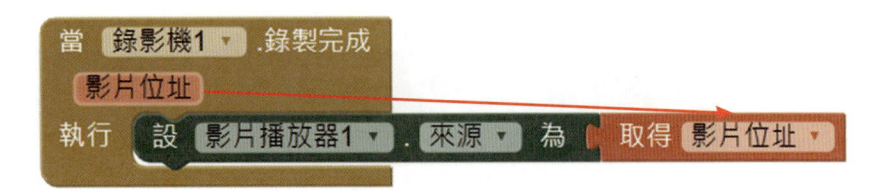

Step 5 ▶ 加入「回首頁」的「當 回首頁.被點選 執行」，執行「內置塊／控制」的「關閉畫面」。

五、Screen5 螢幕 - 點歌機程式設計

Step 1 ▶ 點選「Screen5」螢幕，進行點歌機程式設計。

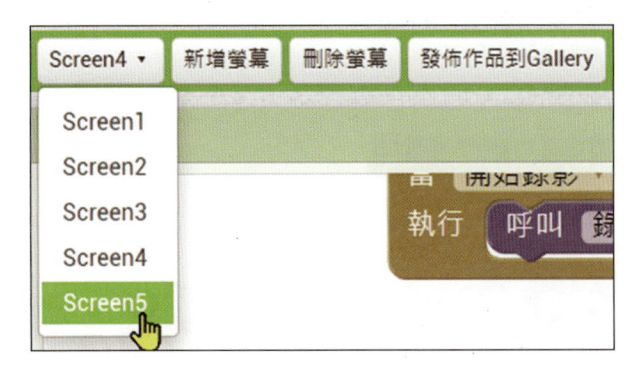

215

Step 2 ▶ 點選「清單選擇器 1」的「當 清單顯示器1 .選擇完成 執行」，加入「音樂播放器 1.文字」為【「清單顯示器 1.選中項」+「.mp3」】。

Step 3 ▶ 加入「播放」組件的「設播放.文字為」「播放」。

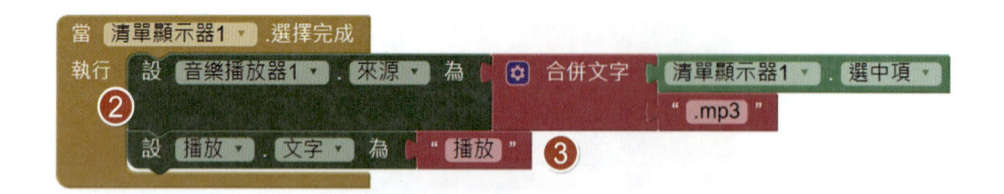

Step 4 ▶ 點選「播放」的「當 播放 .被點選 執行」，加入「內置塊／控制」的「如果 則 否則」。

Step 5 ▶ 「如果」插入項，加入「音樂播放器 1.播放狀態」（判斷是否在播放中）。

Step 6 ▶ 在「則」區段，加入「設播放.文字為」「繼續」、「呼叫 音樂播放器1 .暫停」。

Step 7 ▶ 在「否則」區段，加入「設播放.文字為」「暫停」、「呼叫 音樂播放器1 .開始」。

Step 8 ▶ 點選「停止」的「當 停止 .被點選 執行」，加入「設播放.文字為」「繼續」。

Step 9 ▶ 加入「音樂播放器 1」的「呼叫 音樂播放器1 .停止」。

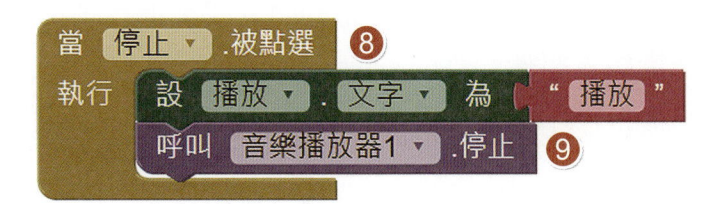

Step 10 ▶ 由「背包」取回「回首頁」程式。

Chapter 11 課後習題

( ) 1. 使用哪個組件可以開啟行動裝置的照片庫來進行選擇照片？
(A) 圖像選擇器組件　　　　(B) 照像機組件
(C) 錄影機組件　　　　　　(D) 圖像組件。

( ) 2. 在「多媒體」組件中，下列何者為可視組件？
(A) 音樂播放器　　　　　　(B) 文字語音轉換器
(C) 圖像選擇器　　　　　　(D) 照相機。

( ) 3. 有關「照相機」組件的敘述，下列哪一項正確？
(A) 「照相機」組件是可視組件
(B) 「照相機」組件沒有任何方法
(C) 「照相機」組件沒有任何事件
(D) 「照相機」組件沒有任何屬性。

( ) 4. 下圖積木拼塊說明，何者錯誤？

(A) 拍攝完成事件會傳回相片在行動裝置的儲存路徑
(B) 照相機拍攝完成會觸發「拍攝完成」事件
(C) 圖像位址是指相片在網路的位址
(D) 以「圖像」組件來顯示拍攝完成的照片。

(　　) 5. 下圖積木拼塊說明，何者正確？

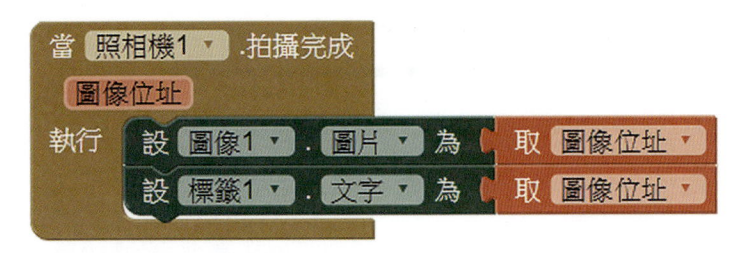

(A) 回傳的「圖像位址」是表示在行動裝置中相片的存放路徑
(B) 照相機拍攝後會將相片存放路徑放入「圖像1」組件中
(C) 照相機拍攝後會將相片顯示在「標籤1」組件中
(D) 圖像位址不可同時放入「圖像1」組件與「標籤1」組件中。

(　　) 6. 有關「圖像選擇器」組件的敘述，下列哪一項錯誤？
(A) 「圖像選擇器」組件位於多媒體類別
(B) 「圖像選擇器」組件功能會自動打開行動裝置的照相機
(C) 圖像屬性是設定顯示圖片按鈕
(D) 「圖像選擇器」組件的外觀和按鈕組件相同。

(　　) 7. 要使用「音樂播放器」組件播放行動裝置SD卡內的「abc.mp3」音樂，程式拼塊空格處應填入下列哪一項？

(A) play://mnt/sdcard/abc.mp3　　(B) file://mnt/sdcard/abc.mp3
(C) http://mnt/sdcard/abc.mp3　　(D) ftp://mnt/sdcard/abc.mp3。

(　　) 8. 呼叫「音樂播放器」組件的積木中，在下方空格處沒有下列哪一項？

(A) 暫停　　(B) 開始　　(C) 重複　　(D) 停止。

(　　) 9. 「音樂播放器」組件的屬性中，沒有下列哪一項？

設 音樂播放器1▼ . ▢ 為

(A) 只能在前景運行　　　　　(B) 音質
(C) 循環播放　　　　　　　　(D) 音量。

(　　) 10. 「音效」組件與「音樂播放器」組件何者可以讓手機產生振動？
(A) 音樂播放器組件　　　　　(B) 音效組件
(C) 二者皆可使手機振動　　　(D) 二者都無法使手機振動。

(　　) 11. 「音效」組件與「音樂播放器」組件二者當中，何者具有音量屬性可設定播放音量？
(A) 二者都沒有音量屬性
(B) 「音效」組件有音量屬性
(C) 二者都有音量屬性
(D) 「音樂播放器」組件有音量屬性。

(　　) 12. 「錄音機」組件完成錄音後，儲存檔案的副檔名為下列哪一項？
(A) .mp3　　　(B) .wav　　　(C) .3gp　　　(D) .avi。

(　　) 13. 「錄影機」組件的敘述，下列哪一項錯誤？
(A) 「錄影機」組件沒有結束拍攝的方法，必須在行動裝置手動停止錄影
(B) 「錄影機」組件位於多媒體類別
(C) 「錄影機」組件錄製完成後以參數「影片位址」傳回
(D) 「錄影機」組件有 2 個屬性。

(　　) 14. 「影片播放器」組件是用來播放影片檔案，不支援下列哪一項影片格式？
(A) .avi　　　(B) .wmv　　　(C) .3gp　　　(D) .mp4。

(　　) 15. 要使用「影片播放器」組件播放行動裝置 SD 卡內的「abc.mp4」影片，程式拼塊空格處應填入下列哪一項？

(A) file://mnt/sdcard/abc.mp4　　(B) play://mnt/sdcard/abc.mp4
(C) http://mnt/sdcard/abc.mp4　　(D) ftp://mnt/sdcard/abc.mp4。

Chapter 12
組件類別簡介

學習重點 ▶ 學習感測器類組件應用
學習社交應用類組件應用
學習資料儲存類組件應用
學習通訊類組件應用

App Inventor 2 的組件真的是包羅萬象,並不能在幾個範例中就能全部展示,這個單元就來簡介各類別的重要組件。

感測器
- 加速度感測器
- 條碼掃描器
- 計時器
- 陀螺儀感測器
- 位置感測器
- NFC近廠通訊
- 方向感測器
- Pedometer
- 接近度感測器

社交應用
- 聯絡人選擇器
- 電子郵件選擇器
- 電話撥號器
- 撥號清單選擇器
- 分享
- 簡訊
- 推特客戶端

資料儲存
- 檔案管理
- FusiontablesControl
- 微型資料庫
- 網路微型資料庫

通訊
- Activity啟動器
- 藍牙客戶端
- 藍牙伺服端
- 網路

12-1 感測器類別

行動載具有接近度感測器、加速度感測器、位置感測器和方向感測器等組件，可以讓 App 應用程式具有模擬器無法達到的效果。

- 01 加速度感測器元件
- 02 位置感測器元件
- 03 方向感測器元件
- 04 接近度感測器元件
- 05 NFC近場通訊元件
- 06 計時器元件

一、加速度感測器組件

加速度感測器是非可視的組件，可以用於偵測晃動及傾斜狀況，並測出加速度三軸分量的近似值，單位為米／秒²（m/s^2），分別為：

Z分量
① 當手機畫面朝上時，其值為 9.8（地球的重力加速度）。
② 當垂直於地面時，其值為 0。
③ 當畫面朝下時，其值為 −9.8。

Y分量
① 當手機在平面上靜止時，其值為零。
② 當手機頂部抬起時，其值為正。
③ 而當底部抬起時，其值為負。

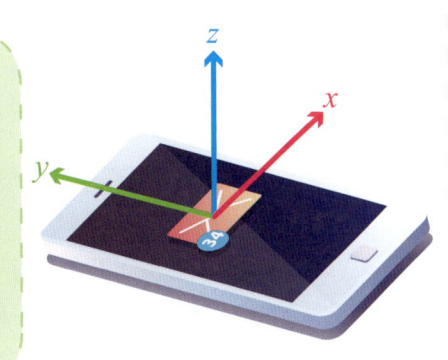

X分量
① 當手機在平面上靜止時，其值為零。
② 當手機向左斜時（右側升起），其值為正。
③ 而向右傾斜時（左側升起），其值為負。

二、位置感測器組件

　　位置感測器是非可視的組件，主要功能是偵測目前的位置，提供位置訊息包括：緯度、經度、高度及街道地址。要執行這些功能，組件的啟用屬性值必須為真，而且開啟裝置的位置訊息取用權限，訊息來源可能是 Wi-Fi（精度較差）或透過 GPS（精度較高）。

三、方向感測器組件

　　方向感測器為非可視組件，用於偵測手機在空間中的方位，當方向感測器方向變化時，會傳送「翻轉角、傾斜角、方位角」3個變數值（單位為角度）：

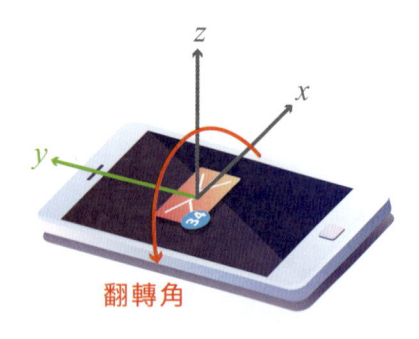

翻轉角（Y軸方向旋轉）
① 當手機水平放置時，其值為 0°。
② 隨著向左傾斜到垂直位置時，其值為 90°。
③ 當向右傾斜至垂直位置時，其值為 −90°。

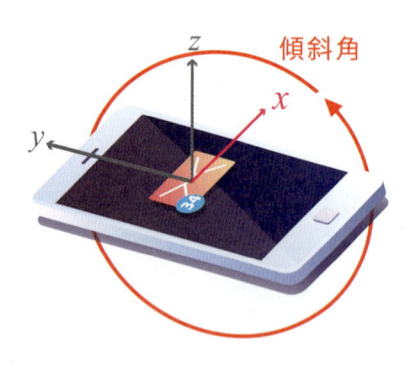

傾斜角（X軸方向旋轉）
① 當手機水平放置時，其值為 0。°
② 隨著手機頂部向下傾斜至垂直時，其值為 90°，繼續沿相同方向翻轉，其值逐漸減小，直到螢幕朝向下方的位置，其值變為 0°。
③ 當手機底部向下傾斜直到指向地面時，其值為 −90°，繼續沿同方向翻轉到螢幕朝上時，其值為 0°。

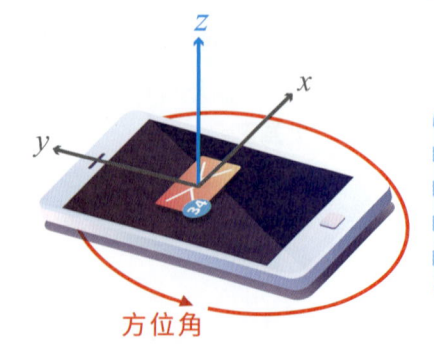

方位角（Z軸方向旋轉）
① 當手機頂部指向正北方時，其值為 0°，正東為 90°，正南為180°，正西為 270°。
② 旋轉一圈為360°。

如下例，當方向感測器的方向變化時，可顯示的「翻轉角、傾斜角、方位角」3 個變數值。

方向感測器組件也會同步傳回強度、角度二個屬性值：
- 強度：會傳回一個 0～1 的值，代表行動裝置傾斜程度，水平時為 0。
- 角度：代表在行動裝置上放置一顆小球時，小球的滾動方向，向右為 0 度、向上為 90 度、向左為 180 度、向下為 –90 度。

四、接近度感測器組件

接近度感測器為非可視組件，可以測量物體與手機的接近程度，回傳的絕對距離是以公分（cm）為單位。

五、NFC 近場通訊組件

NFC 近場通訊（Near Field Communication）為非可視組件，手機必須具備 NFC 功能才能使用，目前只支援文字訊息的讀寫。要讀寫文字時，須將組件的讀取模式屬性設為 True（讀取）與 False（寫入）才能順利操作。

六、計時器組件

計時器是非可視組件，可用於建立計時器，以固定的時間間隔來觸發事件；也可以進行時間單位（年、月、日、時、周）之間的轉換和處理。計時器組件的計時間隔單位是毫秒（ms），預設值為 1000。

12-2 社交應用類別

一、聯絡人選擇器組件

使用者點選聯絡人選擇器按鈕，就會顯示聯絡人清單，選取某個聯絡人後，會顯示該聯絡人的下列屬性訊息：

- 姓名：所選聯絡人的姓名。
- Email：所選聯絡人的主要電子郵件。
- 電子郵件清單：聯絡人電子郵件清單。
- 電話號碼：聯絡人的首選電話號碼（近期的 Android 版本）。
- 電話號碼清單：聯絡人的電話號碼清單（近期的 Android 版本）。
- 照片：聯絡人圖片的檔案名稱，可以將其設定為圖片「Picture」或圖片精靈「ImageSprite」組件的圖片「Image」屬性。

二、分享組件

分享為非可視組件，用於在手機上不同 App 之間分享檔案及訊息，組件將自動顯示能夠處理相關訊息的 App 清單。例如，將 App Inventor 的訊息分享到郵件類、社交網路的 App。

三、簡訊組件

簡訊組件的內容屬性用於設定即將發送的簡訊內容，電話號碼屬性用於設定接收簡訊的電話號碼，而發送簡訊方法用於將設定好的內容發往指定的電話號碼。

將本組件的可接收屬性值設為 1，則不會接收簡訊；如果設為 2，則只有在本 App 執行時才能接收簡訊；如果設為 3，除了 App 執行時可以接收簡訊之外，App 未執行時，簡訊將進入佇列並向使用者顯示一條通知。當收到簡訊時會觸發收到訊息事件，並回傳發送者號碼及簡訊內容。

12-3 資料儲存類別

一、檔案管理組件

檔案管理是非可視的組件，用於儲存及讀取檔案，可以讀寫手機上的檔案；預設情況下，會將檔案寫入與該 App 的私有資料目錄中。預設將檔案寫在「/sdcard/AppInventor/data」文件夾內。如果檔案的路徑以「/」開始，代表該檔案路徑是在「/sdcard」下，例如，將檔案寫入「/abc.txt」，完整路徑就是「/sdcard/abc.txt」。

二、微型資料庫

微型資料庫非可視組件，如果使用模擬器時，所有的 App 應用程式都共用同一個資料庫，若是使用「.apk 方式」實機安裝的 App 應用程式時，則每一個 App 都有獨立專屬的微型資料庫。微型資料庫使用標籤和儲存值來進行：

1. 標籤：就是檔案名稱，必須使用文字格式
2. 儲存值：就是檔案內容，可以使用文字或清單。

而微型資料庫的主要方法有：

積木圖示	說明
呼叫 微型資料庫1 .清除所有資料	刪除所有資料
呼叫 微型資料庫1 .清除標籤資料 標籤	刪除指定「標籤」的資料
呼叫 微型資料庫1 .取得標籤資料	讀取所有的「標籤」資料
呼叫 微型資料庫1 .取得數值 標籤 無標籤時之回傳值	讀取指定「標籤」的資料，若無標籤時，回傳指定字串
呼叫 微型資料庫1 .儲存數值 標籤 儲存值	將儲存「儲存值」的內容儲存到指定的「標籤」

舉例來說：

三、網路微型資料庫

網路微型資料庫為非可視組件，可透過 Google App Engine 將資料儲存在網路伺服器上，以進行資料連線及分享。

12-4 通訊類別

通訊類組件可以顯示指定網頁內容及利用 GET、POST 方式傳遞資料到指定網址後,再讀取資料回來。

一、Activity 啟動器組件

Activity 啟動器組件可以呼叫一個 Android 手機上的 App 程式來執行,如啟動照相機拍照、執行網路搜尋、以指定座標開啟 Google 地圖等,並可傳遞文字資料給其他 App。

常用屬性	功能
Action	要執行的動作,如: 1. android.intent.action.VIEW:可以開啟指定網頁。 2. android.intent.action.WEB_SEARCH:可以搜尋網頁資料。 3. android.settings.LOCATION_SOURCE_SETTINGS:可以開啟手機 GPS 功能。
ActivityClass	要執行的應用程式類別
ActivityPackages	要執行的應用程式套件
資料 URI	要傳送給執行應用程式的網址

二、網路組件

網路為非可視組件,用於發送 HTTP 的 GET、POST、PUT 及 DELETE 請求,以進行網路傳送及讀取資料之用。

三、藍牙客戶端組件

藍牙客戶端是非可視組件,可以發送位元、文字及數字類型的資料。

12-5 專案說明

本專案為練習手機的感測器的使用，體會加速度感測器、位置感測器、方向感測器、接近度感測器組件的效果，將不再仔細介紹操作步驟，直接呈現專案畫面及專案程式進行簡單說明。

執行結果

按「加速度感測」鈕	按「位置感測」鈕
感測器應用 X分量=-0.14967 Y分量=0.29655 Z分量=9.62076	感測器應用 定位方式=gps 位置資訊=120.34964,22.58358 地址=812台灣高雄市小港區
按「方向感測」鈕	按「接近度感測」鈕
感測器應用 翻轉角(Y軸)=-2.55414 傾斜角(X軸)=-1.24947 方位角(Z軸)=116.91721	感測器應用 可用狀況：true 啟用：true 距離：5.00031

12-6 專案畫面設計

工作面板	組件列表	素材檔案
感測器應用 加速度感測　位置感測 方向感測　接近度感測 標籤1文字 標籤2文字 標籤3文字	組件列表 Screen1 　標題 　表格配置1 　　加速度感測 　　位置感測 　　方向感測 　　接近度感測 　標籤1 　標籤2 　標籤3 　加速度感測器1 　位置感測器1 　方向感測器1 　接近度感測器1	無

一、畫面設計

Step 1▶ 按「新增專案」鈕，新增「sensor」專案，點選「組件列表」區「Screen1」組件，設定組件屬性值為：

App 名稱	螢幕方向	標題
感測器應用	鎖定直式畫面	感測器應用

Step 2▶ 拖曳「使用者介面／標籤」組件到「工作面板」，設定屬性值：

重新命名	粗體	字體大小	文字	文字顏色
標題	勾選	40	感測器應用	藍色

Step 3 ▶ 拖曳「介面配置／表格配置」組件到「工作面板」，設定屬性值：

列數	行數
2	2

Step 4 ▶ 拖曳 4 次使用者介面「按鈕」組件到「表格配置 1」內，設定組件屬性值：

重新命名	表格配置 1 位置	字體大小	寬度	文字
加速度感測	左上	18	120 像素	加速度感測
位置感測	右上	18	120 像素	位置感測
方向感測	左下	18	120 像素	方向感測
接近度感測	右下	18	120 像素	接近度感測

Step 5 ▶ 拖曳 3 次「使用者介面／標籤」組件到「工作面板」區，設定屬性值：

組件名	字體大小	文字
標籤 1	20	標籤 1 文字
標籤 2	20	標籤 2 文字
標籤 3	20	標籤 3 文字

Step 6 ▶ 拖曳依序加入「感測器」類別中的加速度感測器、位置感測器、方向感測器、接近度感測器組件到「工作面板」區，均為非可視組件。

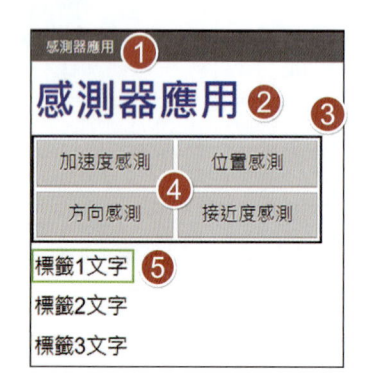

12-7 專案程式設計

一、初始化及「停用感測器」程序

Step 1 ▶ 先建立「停用感測器」程序，將所有感測器預設不啟用。

Step 2 ▶ 初始化先呼叫「停用感測器」程序。

```
當 Screen1.初始化
執行  呼叫 停用感測器          ②

定義程序 停用感測器
執行  設 加速度感測器1.啟用 為 假
      設 方向感測器1.啟用 為 假      ①
      設 接近度感測器1.啟用 為 假
```

二、加速度感測器程式

Step 1 ▶ 當「加速度感測」被點選時，呼叫「停用感測器」程序並啟用加速度感測器。

Step 2 ▶ 當「加速度感測器」加速度變化時，標籤1、標籤2、標籤3分別顯示X分量、Y分量、Z分量。

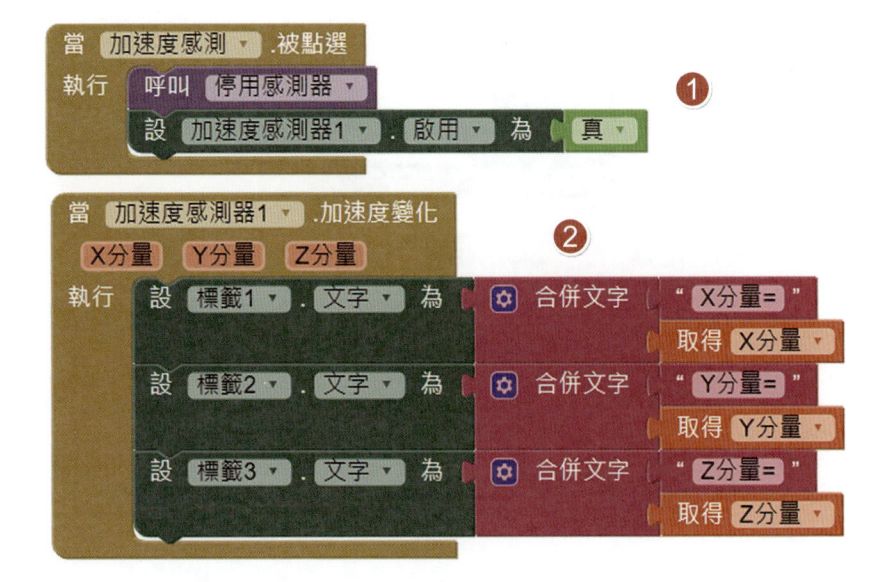

```
當 加速度感測.被點選
執行  呼叫 停用感測器                    ①
      設 加速度感測器1.啟用 為 真

當 加速度感測器1.加速度變化
  X分量  Y分量  Z分量                    ②
執行  設 標籤1.文字 為 合併文字 "X分量=" 
                              取得 X分量
      設 標籤2.文字 為 合併文字 "Y分量="
                              取得 Y分量
      設 標籤3.文字 為 合併文字 "Z分量="
                              取得 Z分量
```

三、位置感測器程式

Step 1 ▶ 當「位置感測」被點選時,呼叫「停用感測器」程序並啟用位置感測器。

Step 2 ▶ 設定標籤 1、標籤 2、標籤 3 分別顯示定位方式、經緯度、當前地址。

四、方向感測器程式

Step 1 ▶ 當「方向感測」被點選時,呼叫「停用感測器」程序並啟用方向感測器。

Step 2 ▶ 當「方向感測器」方向變化時,標籤 1、標籤 2、標籤 3 分別顯示翻轉角(Y 軸)、傾斜角(X 軸)、方位角(Z 軸)。

五、接近度感測器程式

Step 1 ▶ 當「接近度感測」被點選時，呼叫「停用感測器」程序並啟用接近度感測器。

Step 2 ▶ 設定標籤 1、標籤 2、標籤 3 分別顯示可用狀態、啟用、距離。

Step 3 ▶ 當「接近度感測器」距離改變時，標籤 3 顯示距離。

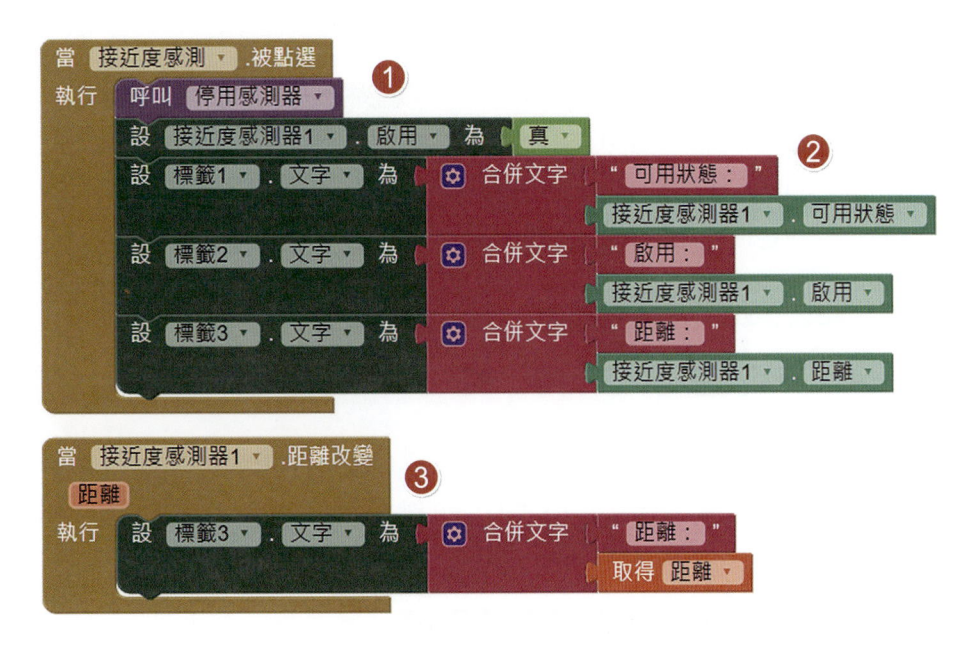

Chapter 12 課後習題

( ) 1. 下列電子組件中，哪一項屬於通訊類別？
（A) 簡訊　　　　　　　　　（B) Activity 啟動器
（C) 電話撥號器　　　　　　（D) 電子郵件選擇器。

( ) 2. 下列哪一個組件可以用來呼叫外部程式？
（A) 音效組件　　　　　　　（B) NFC 近場通訊組件
（C) Activity 啟動器組件　　 （D) 對話框組件。

( ) 3. 下列哪一個是檔案管理組件的圖示？
（A) 　　　（B) 　　　（C) 　　　（D) 　。

( ) 4. 「加速度感測器」組件可以偵測 Android 行動裝置傾斜狀況，當行動裝置正面朝上，向左傾斜（行動裝置右方抬高）時，下列哪一個值會遞增？

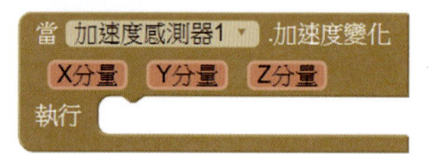

（A) X 分量值　（B) Y 分量值
（C) Z 分量值　（D) X 分量值、Y 分量值、Z 分量值。

( ) 5. 「加速度感測器」組件可以偵測 Android 行動裝置傾斜狀況，當行動裝置正面朝上，向下傾斜（行動裝置上方抬高）時，下列哪一個值會遞增？

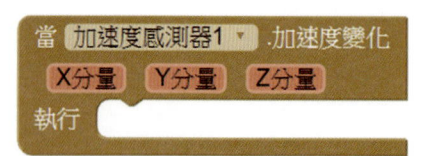

（A) Y 分量值　（B) X 分量值
（C) Z 分量值　（D) X 分量值、Y 分量值、Z 分量值。

(　　) 6. 「加速度感測器」組件可以偵測 Android 行動裝置傾斜狀況，當行動裝置正面朝上時，下列哪一個分量的值為「9.8」？

(A) Y 分量值　　(B) Z 分量值
(C) X 分量值　　(D) X 分量值、Y 分量值、Z 分量值。

(　　) 7. 「加速度感測器」組件可以偵測 Android 行動裝置傾斜狀況，可以偵測 X、Y、Z 三個軸分量的狀況，請問「單位」為下列哪一個？

(A) cm/sec^2　　(B) m/sec^2　　(C) m/sec　　(D) cm/sec。

(　　) 8. 「位置感測器」組件主要是偵測目前行動裝置的位置，下列敘述哪一項錯誤？

(A) 設 LocationSensor1.供應商名稱 為 "network"，使用無線網路定位

(B) 設 LocationSensor1.供應商名稱 為 "gps"，使用 GPS 定位

(C) 「位置感測器」組件為可視組件

(D) 設 LocationSensor1.鎖定供應商 為 真，鎖定選取的定位方式。

(　　) 9. 「方向感測器」組件可以用來偵測目前的方位，並傳遞參數，其中代表 X 軸方向旋轉的是下列哪一項？

(A) 傾斜角　　(B) 翻轉角　　(C) 方位角　　(D) 俯仰角。

(　) 10.「方向感測器」組件可以用來偵測目前的方位,並傳遞參數,其中代表 Y 軸方向旋轉的是下列哪一項?
(A) 翻轉角　　(B) 傾斜角　　(C) 方位角　　(D) 俯仰角。

(　) 11.「方向感測器」組件可以用來偵測目前的方位,並傳遞參數,其中代表 Z 軸方向旋轉的是下列哪一項?
(A) 傾斜角　　(B) 翻轉角　　(C) 方位角　　(D) 俯仰角。

(　) 12.「方向感測器」組件的「強度」屬性是代表設備的傾斜度,傳回的值介於下列哪一項?

　　　　方向感測器1 . 強度

(A) –180～180　(B) -90～90　(C) 0～1　(D) –360～360。

(　) 13.「方向感測器」組件的「角度」屬性是表示在行動設備上放置一顆小球時,小球將滾動的方向。當行動裝置頂端向上時(如圖所示),傳回的值會是下列哪一項?

　　　　方向感測器1 . 角度

(A) 90 度　　(B) 0 度　　(C) 180 度　　(D) –90 度。

(　) 14. 如下圖所示之程式碼,當按下「按鈕 1」後,其執行結果為下列哪一項?

```
當 按鈕1 .被點選
執行  呼叫 檔案管理1 .刪除
              檔案名稱  " abc.txt "
```

(A) 刪除 abc.txt 檔案　　　　(B) 新增 abc.txt 檔案
(C) 修改 abc.txt 內容　　　　(D) 覆蓋 abc.txt 內容。

（　　）15. 下列哪一項可以建立檔案並將檔案寫入行動載具的 SD 卡？

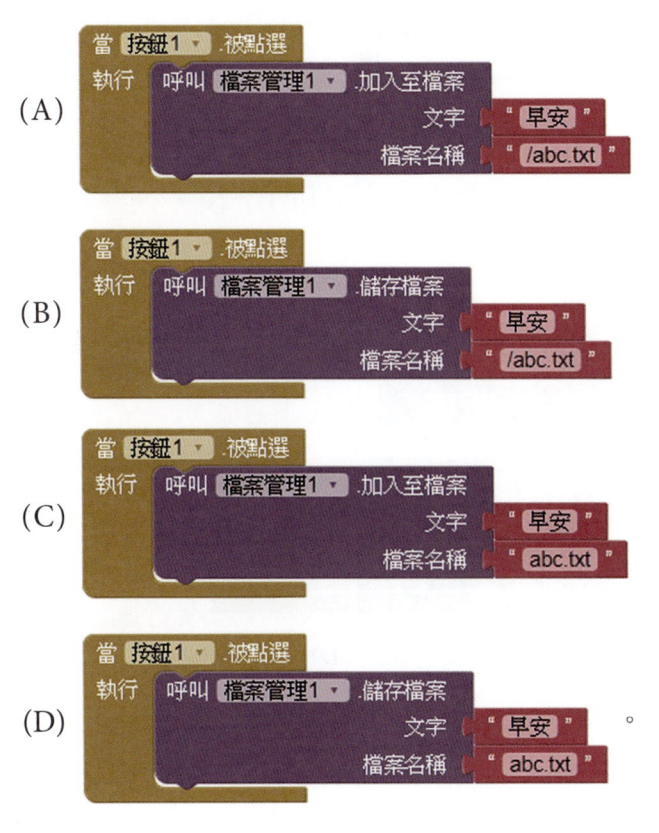

(A) 當 按鈕1▼ 被點選　執行 呼叫 檔案管理1▼ .加入至檔案　文字 "早安"　檔案名稱 "/abc.txt"

(B) 當 按鈕1▼ 被點選　執行 呼叫 檔案管理1▼ .儲存檔案　文字 "早安"　檔案名稱 "/abc.txt"

(C) 當 按鈕1▼ 被點選　執行 呼叫 檔案管理1▼ .加入至檔案　文字 "早安"　檔案名稱 "abc.txt"

(D) 當 按鈕1▼ 被點選　執行 呼叫 檔案管理1▼ .儲存檔案　文字 "早安"　檔案名稱 "abc.txt"。

（　　）16.「位置感測器」組件的屬性中，沒有下列哪一項？

位置感測器1▼ .

(A) 當前地址　　(B) 海拔　　　(C) 溫度　　　(D) 供應商名稱。

（　　）17.「位置感測器」組件位置變化時，「位置變化」事件無法取得哪一項數值？

(A) 經度　　(B) 溼度　　(C) 緯度　　(D) 速度。

（　　）18.「接近度感測器」組件的偵測距離單位為下列哪一項？

(A) 公尺　　(B) 公寸　　(C) 公分　　(D) 毫米。

( ) 19.「接近度感測器」組件的屬性中，沒有下列哪一項？

(A) 距離　　　(B) 可用狀態　　(C) 最大範圍屬性　　(D) 高度。

( ) 20. 如下圖所示之程式碼，當按下「按鈕1」後，「標籤1」的顯示結果為哪一項？

(A) 網站的網頁原始碼　　　　(B) 網站的名稱
(C) 網站的超連結　　　　　　(D) 網站的網址。

( ) 21. 如下圖所示之程式碼，當按下「按鈕1」後，執行的結果是下列哪一項？

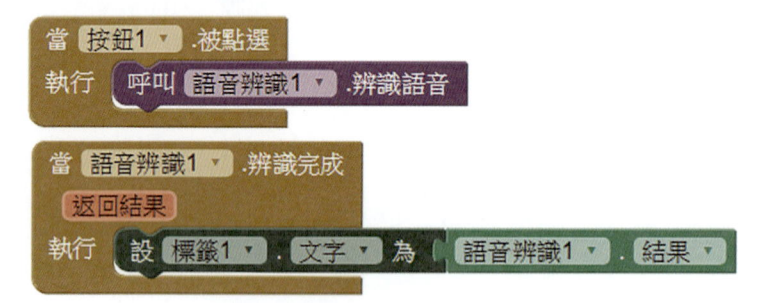

(A) 先輸入「標籤1」文字後，再啟動「語音辨識1」組件
(B) 將「標籤1」文字內容送到「語音辨識1」辨識
(C) 播放「標籤1」文字內容的聲音
(D) 對著手機說話，將語音辨識結果顯示在「標籤1」文字內容。

附 錄

- 課後習題參考答案

參考答案

Chapter 2

1.（A）	2.（C）	3.（D）	4.（A）	5.（A）	6.（B）	7.（B）	8.（C）	9.（A）	10.（A）
11.（A）									

解析

1. 使用標籤組件的「文字」屬性。

2. 像素：輸入數值固定大小。
   填滿：與上一層物件相同，通常是螢幕的長或寬。
   自動：隨內容自動調整長寬。
   比例：輸入數值，占長或寬的百分比。

3. 可見性屬性是設定是否在螢幕中顯示組件。

4. App Inventor 2 的預設副檔名為「.aia」。

5. App Inventor 2 的專案名稱首字母必須為英文，不可以為數字。

6. aiStarter 是 App Inventor 2 的官方模擬器，可以免費下載 https://Appinventor.mit.edu/explore/ai2/setup-emulator.html。

7. 事件程式方塊是在組件方塊內取得。

8. App Inventor 2 不含畫筆組件，畫圖可以使用畫布組件。

9. 使用者介面中的標籤組件圖示為 Ａ 標籤。

10. 被點選：用戶點擊並釋放了按鈕。
    取得焦點：滑鼠游標移到按鈕上，還未點擊它。
    被長按：用戶按住了按鈕不放開。
    失去焦點：滑鼠游標已移開按鈕。

11. 感測器類別的組件無法用官方模擬器呈現。

Chapter 3

1. （A）	2. （C）	3. （D）	4. （C）	5. （A）	6. （B）	7. （C）	8. （C）	9. （A）	10. （A）
11. （D）	12. （C）	13. （D）	14. （A）	15. （A）	16. （B）	17. （B）	18. （C）	19. （A）	20. （D）
21. （A）	22. （C）	23. （D）	24. （A）	25. （A）	26. （C）	27. （B）	28. （C）	29. （B）	

解析

1. 與：所有輸入項皆為真時，回傳真值。
   或：只要任一輸入項為真時，回傳真值。
   ＝：判斷二者是否相等，成立回傳真值。
   ≠：判斷二者是否不相等，成立回傳真值。

2. 合併文字由上而下，故為丙＋乙＋甲＝丙乙甲。

3. 因為 X＝丙，所以丙＝甲不成立，故標籤 1. 文字＝乙。

4. 因為 4＜5，故 4＋7＝11。

5. ▎小寫▾ 為回傳為小寫文字，故回傳「hello」。

6. ▎求長度 為回傳該文字的字元數，故 HelloWorld 為 10 字元。

7. 因為如果「假」則不執行，故標籤 1. 文字＝15。

8. 「如果」和「如果…否則」都屬於選擇結構或稱判斷結構。

9. 對話框組件為非可視組件，呼叫時才會出現指定訊息。

10. 當勾選時傳回「真」、無勾選時傳回「假」，為邏輯資料型態。

11. 輸入的資料會暫存在文字輸入盒組件的「文字」屬性。

12. 若是設定密碼不顯示時，會以 ＊ 字元取代。

13. 英文字母大小比較為 a＜b＜c…＜z，第 1 字母相同，比較第 2 字母。

14. 4^2＝16。

15. 3×(4＋5)＝3×9＝27。

16. (3×4)＋5＝12＋5＝17。

17. (3×4) 公分＝12 公分。

18. $\sqrt{3^2+4^2}=\sqrt{25}=5$。

19. $\frac{42}{5}$＝8.4，商＝8。

20. 進位取整數，也就是 3.14159 直接進位＝4。

21. $\sqrt{16}$＝4。

22. 3.52 進位即為 4。

23. 絕對值為原值取正數，故選 4.35。

24. 四數的最大值為 30，故標籤 1. 文字＝30。

25. 標籤 1. 文字＝sin(30 度)＝$\frac{1}{2}$＝0.5。

26. 0.12345 取 2 位小數＝0.12。

27. 3.1415926 取 4 位小數，則第 5 位為 9 將進位，故答案為 3.1416。

28. App Inventor 2 的變數不可以數字在第 1 個字母。

29. ，可設定標題、訊息、按鈕文字，也可以允許取消。

Chapter 4

1.	2.	3.	4.	5.	6.	7.	8.	9.	10.
(A)	(C)	(D)	(A)	(A)	(B)	(B)	(C)	(A)	(A)
11.	12.								
(A)	(C)								

解析

1. 多媒體類的「音效」組件屬非可視組件,會出現在工作面板下方的非可視組件區。

2. 上傳音效檔在畫面編排的「素材」區後,在音效組件的「來源」屬性設定來源檔案名稱。

3. 在介面配置類別的「表格配置」組件,設定「欄」與「列」屬性。

4. 系統將語音辨識組件收到的語音,以網路傳送到伺服器進行辨識,再將辨識結果傳回。

5. App 啟動時會優先執行「初始化」事件內的程式 [當 Screen1 .初始化 執行]。

6. 使用圖像組件中的圖片屬性。

7. 使用上傳素材中的圖檔檔名來切換。

8. 上傳圖片要在畫面編排的「素材」區,按「上傳文件」鈕。

9. 「當 Screen1 初始化」事件會在程式一開始,便執行區塊內的動作,可運用在一些前置性的操作上。

10. 「當 Screen1 初始化」事件是程式開始時,優先執行區塊內的程式動作。

11. 檢查文字中無指定字串,故傳回值為假(false)。

12. 將 ab 取代為 w,故 abcabcabc → (ab)c(ab)c(ab)c → wcwcwc。

245

Chapter 5

1.	2.	3.	4.	5.	6.	7.	8.	9.	10.
（A）	（B）	（B）	（A）	（A）	（C）	（B）	（C）	（C）	（A）
11.	12.	13.							
（D）	（A）	（A）							

解析

1. 重複執行 4 次，X＝1＋1＋1＋1＋1＝5。

2. 重複執行 3 次，X＝1×1×2×3＝6。

3. 0 乘以任何數都是 0。

4. 有限迴圈是重複結構的一種。

5. 圖形為
   #
   ##
   ###
   ####
   #####。

6. 外迴圈 3 次，內迴圈 4 次，共 3×4＝12 次。

7. 10＋2＋2＋2＝16，故會執行 3 次。

8. 1＋2＋2＋2＝7。

9. 1＋1＋1＋1＋1＋1＝6。

10. 由 1 每次增加 2，到第 19 後就不再執行第 21。

11. 由 abcdefgh 第 3 位置取 2 個字母，故取 cd。

12. 在 ABCDE 中沒有 b，所以答案為 0。

13. ABCDE 中 B 在第 2 個字母，故為 2。

Chapter 6

1.	2.	3.	4.	5.	6.				
(D)	(C)	(C)	(A)	(A)	(D)				

解析

1. 在網路瀏覽器組件的「首頁地址」屬性處，填入 Yahoo 網址。

2. Activity 啟動器組件可以打開瀏覽器到指定的網頁，將屬性設置為：
   Action：android.intent.action.VIEW
   資料 URI：http://www.yahoo.com。

3. 標記組件為地圖類別，需使用在地圖組件內。

4. 「網路瀏覽器」組件是可視組件，「網路」組件是非可視組件。

5. (1) android.intent.action.MAIN 啟動相機。
   (2) android.intent.action.PICK 選擇資料。
   (3) android.intent.action.SEARCH 執行網路搜尋。

6. 電子郵件的網址語法為 mailto:abc@gmail.com。

Chapter 7

1.	2.	3.	4.	5.	6.	7.			
(C)	(C)	(D)	(A)	(C)	(B)	(A)			

解析

1. 「計時間隔」設定事件多久觸發一次，單位是毫秒（ms），屬性值設為 100 時，每 100 毫秒＝0.1 秒執行 1 次，則 1 秒執行 10 次。

2. 計時器組件的計時間隔值為 1000 時，每 1 秒執行 1 次；若是計時間隔值為 500，則每 0.5 秒執行 1 次。

3. 標籤組件主要顯示由文字屬性所指定的文字內容。

4. 文字輸入盒組件可以輸入中英文、數字等文字資料。

5. 圖像組件可以放入要顯示的圖片。

6. 按鈕組件具有檢測是否被點擊事件，其外觀可以更改。

7. 標籤是微型資料庫的檔名，取得數值是取得「標籤」名稱的的檔案內容。

Chapter 8

1.	2.	3.	4.	5.	6.	7.	8.	9.	10.
(A)	(B)	(D)	(A)	(A)	(B)	(C)	(C)	(D)	(B)
11.	12.	13.	14.	15.	16.	17.	18.		
(A)	(A)	(C)	(A)	(A)	(C)	(A)	(B)		

解析

1. X＝72，故 X≧90 不成立；X≧80 不成立；X≧70 成立 → 標籤 1. 文字＝丙。

2. 清單顯示器組件可使用字串或清單作為顯示的項目來源，程式可以將清單的資料一筆筆條列在清單顯示器組件的區上。

3. 複製程式方塊可以把程式積木複製或進行修改使用。
   重點：方塊使用、算術與文字運算。

4. 呼叫程序 1 執行 3×5＝15。

5. （隨機整數從 A 到 B）為回傳指定範圍內的隨機整數，可為正、負數或 0。

6. 1×2×3×4＝24。

7. mi＞iphone 且 mi＜samsung，才會判斷為真，Mac 的 1 個字是大寫，不符合。

8. Sum＝1，因為呼叫程序時，程式判斷 4＞4 不成立，故 sum＝1。

9. Sum＝1，因為呼叫程序時，程式判斷 1＜4 成立，故 sum＝1＋1＋1＋1＝4。

10. 重複執行 7 次 X＝X＋1，故 Sum＝3＋1＋1＋1＋1＋1＋1＋1＝10。

11. 重複 X＝X＋1，直到 sum＞＝10，故 Sum＝3＋1＋1＋1＋1＋1＋1＋1＝10，共執行 7 次。

12. 重複執行最後 1 次為 X＝4 時，由 Hello 第 (6－4)＝2 位置取 1 個字元，則為 e。

13. 原先 X＝甲，程序 1 中更換為區域 X＝乙，後回傳值為乙，故在主程式中 X 仍為甲，但文字輸入盒. 文字＝乙。

14. 45＜60 成立，故會傳回真（true），文字中 bee＞Apple。

15. 原先按鈕 1. 文字＝甲，當被點選後，執行程序 1，則按鈕 1. 文字＝丙。

16. 70＞60 且 70 ≤ 89，才會判斷為真。

17. $X^2 + Y^2 = 3^2 + 4^2 = 25$。

18. 標籤 1.文字初始為「小明」，按鈕後執行程序名後，與「早安」合併，故標籤 1.文字＝大華早安。

Chapter 9

1.	2.	3.	4.	5.	6.	7.	8.	9.	10.
（A）	（C）	（D）	（A）	（A）	（B）	（B）	（C）	（A）	（C）
11.	12.	13.	14.	15.	16.	17.	18.	19.	20.
（A）	（C）	（D）	（D）	（A）	（C）	（A）	（A）	（B）	（C）
21.	22.	23.	24.	25.					
（B）	（A）	（B）	（C）	（D）					

解析

1. 清單的呈現有加括號（甲乙丙）。

2. 在清單（甲乙丙）中第 2 清單項為乙。

3. X 清單有 4 個清單項，故重複執行 4 次。

4. 丁增加到清單項末項，所以清單為（甲乙丙丁）。

5. 清單內容（甲乙丙）刪除第 3 項丙，剩下清單內容（甲乙）。

6. 丁取代清單（甲乙丙）的第 3 清單項丙，清單現為（甲乙丁）。

7. 清單（甲乙丙）在第 2 清單項插入（丁），現為（甲丁乙丙）。

8. 原清單（甲乙）
   (1) 增加清單項丙 → 清單為（甲乙丙）。
   (2) 第 2 清單項取代為丁 → 清單為（甲丁丙）。
   (3) 在第 2 清單項插入戊 → 清單為（甲戊丁丙）。
   (4) 清單長度為 4。

9. 原清單為（甲乙丙）
   (1) 在第 2 清單項插入丁 → 清單為（甲丁乙丙）。
   (2) 第 3 清單項取代為戊 → 清單為（甲丁戊丙）。
   (3) 清單項丙在清單的第 4 個位置。

10. 清單有 4 個清單項，在清單選擇器組件中就會有 4 個元素可以作為選項進行選擇。

11. 原清單（甲）
    (1) 刪除第 1 項清單項 → 清單為空清單，沒有清單項。
    (2) 清單為空 → 標籤 1. 文字＝丙。

12. banner＞Apple 且 banner＜cup，才會判斷為真。

13. 原清單 (30 10 20 40) 執行 3 次動作。
    (1) 如果第 1 清單項＞第 2 清單項，二者交換 → 新清單 (10 30 20 40)。
    (2) 如果第 2 清單項＞第 3 清單項，二者交換 → 新清單 (10 20 30 40)。
    (3) 如果第 3 清單項＞第 4 清單項，二者交換 → 清單不變 (10 20 30 40)。

14. 原清單 (20 10 40 30)，只按 1 次按鈕，執行 3 次動作。
    (1) 如果第 1 清單項＜第 2 清單項，二者交換 → 清單不變 (20 10 40 30)。
    (2) 如果第 2 清單項＜第 3 清單項，二者交換 → 新清單 (20 40 10 30)。
    (3) 如果第 3 清單項＜第 4 清單項，二者交換 → 新清單 (20 40 30 10)。

15. 重複比對清單 (20 10 40 30) 是否有清單項 10，比對為第 2 清單項。

16. 每個插入項均為 0*數字＝0，故為 (0 0 0 0)。

17. 每個插入項均為 1＋數字，故為 (2 3 4 5)。

18. 插入均放入第 1 項故為（丙乙甲）。

19. 甲原先在第 1 項，後來陸續插入 2 項就變成第 3 項。

20. 重複 5 次每次陸續加入 1,2,3,4,5。

21. 陸續加入 1,3,5，每次差 2。

22. 將變數＝0 插入 3 次到第 1 項，故為 (0 0 0)。

23. A 清單內容為 (4 3 2 1)，故 2 在第 3 項。

24. A 清單內容為 (1 3)，沒有 2 在清單內故傳回 0。

25. A 清單內容為 (1 3)，沒有 2 在清單內故傳回假（false）。

Chapter 10

1.	2.	3.	4.	5.	6.	7.	8.	9.	10.
（C）	（C）	（D）	（C）	（A）	（B）	（D）	（C）	（A）	（D）
11.	12.	13.	14.						
（A）	（C）	（D）	（A）						

解析

1. 將程式拼塊放入背包之內，然後在可以另一個 Screen 或專題中由背包直接取出使用。

2. 畫布的速度 X 分量（左右的滑動量）：速度 X 分量＞0，向右滑動；速度 X 分量＜0，向左滑動。
   畫布的速度 Y 分量（上下的滑動量）：速度 Y 分量＞0，向下滑動；速度 Y 分量＜0，向上滑動。

3. 畫布以左上角為 (0,0) 基準點，向右、向下為正。

4. 畫布中可以放置「圖像精靈」和「球形精靈」二種組件，而不是圖像組件。

5. 畫布的線寬是指筆畫線條的大小，而寬度、高度是指畫面在螢幕中所占的寬度與高度。

6. 要能用手指畫線，應該依序填入以下參數。
   x1：前點 X 座標、y1：前點 Y 座標。
   x2：當前 X 座標、y2：當前 Y 座標。

7. X 座標與 Y 座標相同的一條斜直線。

8. 速度 X 分量：向右＞0、向左＜0；速度 Y 分量：向下＞0、向上＜0。

9. 速度 X 分量：向右＞0、向左＜0；速度 Y 分量：向下＞0、向上＜0。

10. 可以放置在畫布組件的球形精靈，呈現圓形，它可以對觸摸和拖動做出反應。

11. 可以放置在畫布組件的圖像精靈，可以呈現指定圖案，它可以對觸摸和拖動做出反應。

12. $\dfrac{300}{3}=100$，$\dfrac{300}{2}=150$。

13. (1) 最大值、最小值：滑桿的最大值、最小值。
    (2) 啟用指針：是否顯示滑桿的指針。
    (3) 指針位置：指定滑桿指針的位置數值，如果大於最大值，則為最大值；如果小於最小值，則為最小值。
14. 合成顏色主要由紅、綠、藍三原色所組成，數值為 0～255。

Chapter 11

1.	2.	3.	4.	5.	6.	7.	8.	9.	10.
(A)	(C)	(D)	(C)	(A)	(B)	(B)	(C)	(B)	(A)
11.	12.	13.	14.	15.					
(D)	(C)	(D)	(A)	(A)					

解析

1. 多媒體類圖像選擇器組件中的「選中項」屬性。

2. 只有圖像選擇器組件是可視組件，其他三者都為非可視組件，使用時才呼叫執行。

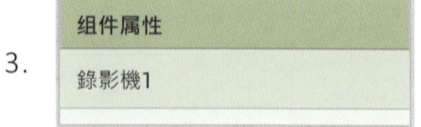

3. ，照相機沒有任何組件屬性。

4. 圖像位址是指相片儲存在手機內的路徑。

5. B. 照相機拍攝後會將相片存放路徑放入圖像位置變數中。
   C. 照相機拍攝後會將相片存放路徑放入「**標籤 1. 文字**」。
   D. 圖像位址可同時放入「圖像 1」組件與「標籤 1」組件中，圖像 1 顯示相片，標籤 1 顯示相片存放路徑。

6. 「圖像選擇器」組件不會打開照相機，點選圖像選擇器組件時，系統會開啟手機的相簿讓使用者選取。

7. 填入為音樂 mp3 檔案的路徑，SD 卡要使用 file://。

8. 沒有**重複**方法。

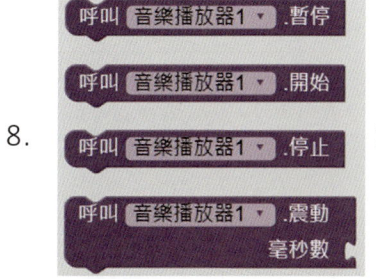

9. 沒有「音質」參數。

10.「音樂播放器」組件具有**震動**方法，可讓手機產生振動。

11. 只有「音樂播放器」組件有音量屬性。

12. App Inventor 2 錄音機預設的錄音副檔名為 .3gp。

13.「錄影機」組件沒有屬性。

14. 影片播放器支援的影片格式有 .wmv、.3gp 及 mp4，為可視組件。

15. 填入為影片 mp4 檔案的路徑，SD 卡要使用 file://。

Chapter 12

1.	2.	3.	4.	5.	6.	7.	8.	9.	10.
(B)	(C)	(A)	(A)	(A)	(B)	(B)	(C)	(A)	(A)
11.	12.	13.	14.	15.	16.	17.	18.	19.	20.
(C)	(C)	(A)	(A)	(A)	(C)	(B)	(C)	(D)	(A)
21.									
(D)									

解析

1. 簡訊、電話撥號器及電子郵件選擇器組件都屬於社交應用類。

2. Activity 啟動器組件呼叫其他應用程式及服務，如呼叫瀏覽器開啟指定網頁，可將屬性設置為：
   Action：android.intent.action.VIEW
   資料 URI：http://www.yahoo.com。

3. 資料管理類的檔案管理組件圖示為 。

4. X 分量：手機正面向上平放時，X 分量＝0，向左翻時值增加，向右翻時值減少。

5. Y 分量：手機正面向上平放時，Y 分量＝0，抬頭（上方抬高）時值增加、抬腳（下方抬高）時值減少。

6. Z 分量：手機向上移動時值增加、向下移動時值減少。若手機正面向上平放時，Z 分量＝9.8；若是手機蓋著朝下，Z 分量＝–9.8；若是手機直立時，Z 分量＝0。

7. 加速度的單位使用 SI 單位（m/sec^2）。

8. 「位置感測器」組件為非可視組件，目的是偵測目前手機的位置。

9. 傾斜角：沿 X 軸方向旋轉，當手機水平時為 0 度，隨手機頭部下傾斜增加到 90 度，隨手機頭部向上傾斜時減少到 –90 度。

10. 翻轉角：沿 Y 軸方向旋轉，當手機水平時為 0 度，隨手機向左傾增加到 90 度，隨手機向右傾時減少到 –90 度。

11. 方位角：手機頂部朝北時為 0 度，朝東時為 90 度，朝南時為 180 度，朝西時為 270 度。

12. **方向感測器 1. 強度**：會傳回一個 0～1 的值，代表手機傾斜程度，水平時為 0。

13. 角度代表小球的滾動方向，向右為 0 度、向上為 90 度、向左為 180 度、向下為 –90 度。

14. 檔案管理 1. 刪除：這個方法的用途是刪除檔案。

15. **加入至檔案**：方法是將文字附加到檔案的末尾。如果檔案不存在，則依檔案名稱新建檔案。
    儲存檔案：方法是將文字加入指定檔案中。如果檔案存在，則會覆蓋原檔案。
    若是要讀取或寫入 SD 卡的檔案，需要在前方加上「/」。

16. 沒有溫度，位置感測不需要溫度。

17. 位置感測不需要溼度。

18. 接近度感測器組件可以測量物體對於手機螢幕的接近度（以公分為單位）。

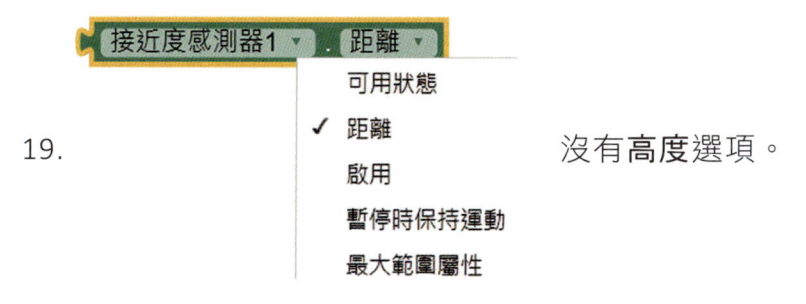

19. 　　　　　　　　　　　　　　　　　沒有**高度**選項。

20. 回應內容變數為網路組件經由 get 取得的網頁原始碼。

21. 先對手機說話，進行語音辨識，辨識完成後，將語音辨識結果的文字顯示在「**標籤 1. 文字**」上。

MEMO……………………

MEMO..................

GTC General Technology Credential Certification 全民科技力認證

全民科技力認證精神

以普及科技指標6向度：作業系統OS、軟體應用SA、行動通訊與網際網路MI、人工智慧AI、社群與溝通CC、行業應用IA的知識或技能進行命題，以培養學生適應未來科技世界的來臨。

GTC 全民科技力證書，累積學習歷程

考生經由監評老師通過測驗後，可獲得合格證書，擁有三項科技指標以上的合格證書，可累積成歷程證書。

藉由證書可以展現學習歷程，並能透過雷達圖及數據值呈現學習成果。

核發機構 監評老師 → **全民科技力認證** → **學員**

學員收穫：
1. 讓學習有目標
2. 診斷學習成果
3. 累積學習歷程

合格證書

歷程證書
正面 / 反面

雷達圖診斷
1. 科技能力所在
2. 6向度，越平均越好

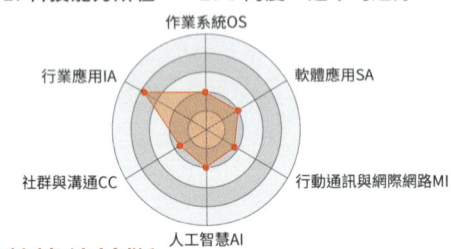

（作業系統OS、軟體應用SA、行動通訊與網際網路MI、人工智慧AI、社群與溝通CC、行業應用IA）

數據值診斷
1. 科技能量累積
2. 愛因斯坦型（先天聰穎）或 愛迪生型（努力向上）

140 — 15 — 20
科技分數總數 — 認證科目數 — 考試次數

140 — 15 — 30
科技分數總數 — 認證科目數 — 考試次數

💲 平台售價

		專案平台			
產品編號	產品名稱	細 項	年限	建議售價	備 註
PS371	GTC 全民科技力歷程平台 高中職與中小學版	含監評管理系統、開課管理系統、發證管理系統	一年	$100,000	須提供全民科技力歷程平台申購書
PS372	GTC 全民科技力歷程平台 大專院校版	含監評管理系統、開課管理系統、發證管理系統	一年	$200,000	
PS370	GTC 全民科技力歷程平台 建置費用	建置費與監評訓練費用（首次購買須加購）	一次	$50,000	

諮詢專線：02-2908-5945 # 133　　聯絡信箱：oscerti@jyic.net

書　　　名	**運算思維與App Inventor2程式設計** - 含GTC全民科技力認證（App Inventor2 -結構化與模組化程式設計、演算法程式設計、互動程式設計）
書　　　號	PN214
版　　　次	2022 年8月初版
編　著　者	簡良諭
責　任　編　輯	一言文教　林宛俞
校　對　次　數	8次
版　面　構　成	顏彣倩
封　面　設　計	林伊紋
出　版　者	台科大圖書股份有限公司
門　市　地　址	24257新北市新莊區中正路649-8號8樓
電　　　話	02-2908-0313
傳　　　真	02-2908-0112
網　　　址	tkdbooks.com
電　子　郵　件	service@jyic.net

國家圖書館出版品預行編目(CIP)資料

運算思維與App Inventor 2 程式設計：含GTC全民科技力認證(App Inventor 2 - 結構化與模組化程式設計、演算法程式設計、互動程式設計) / 簡良諭編著. -- 初版. -- 新北市：台科大圖書股份有限公司, 2022.08

面；　公分

ISBN 978-986-523-449-2(平裝)

1.CST: 系統程式 2.CST: 電腦程式設計

312.52　　　　　　　　　　　111006820

版　權　宣　告

有著作權　侵害必究

本書受著作權法保護。未經本公司事前書面授權，不得以任何方式（包括儲存於資料庫或任何存取系統內）作全部或局部之翻印、仿製或轉載。

書內圖片、資料的來源已盡查明之責，若有疏漏致著作權遭侵犯，我們在此致歉，並請有關人士致函本公司，我們將作出適當的修訂和安排。

郵　購　帳　號	19133960
戶　　　名	台科大圖書股份有限公司
	※郵撥訂購未滿1500元者，請付郵資，本島地區100元 / 外島地區200元
客　服　專　線	0800-000-599
網　路　購　書	PChome商店街　JY國際學院 博客來網路書店　台科大圖書專區
各服務中心	總　公　司　02-2908-5945　　台中服務中心　04-2263-5882 台北服務中心　02-2908-5945　　高雄服務中心　07-555-7947

線上讀者回函
歡迎給予鼓勵及建議
tkdbooks.com/PN214